2023 年主题出版重点出版物

生态第一课

写给青少年的绿水青山

◎林秦文　李青为　主编
◎韩　静　侯利伟　副主编

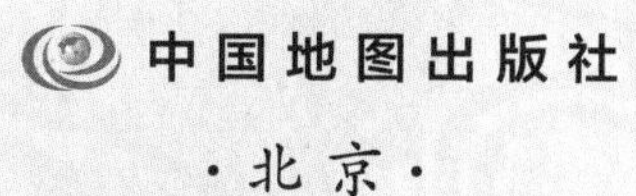

·北京·

图书在版编目（CIP）数据

写给青少年的绿水青山．中国的林 / 林秦文，李青为主编．-- 北京 ：中国地图出版社，2023.12
(生态第一课)
ISBN 978-7-5204-3745-5

Ⅰ．①写… Ⅱ．①林… ②李… Ⅲ．①生态环境建设－中国－青少年读物②森林生态系统－生态环境建设－中国－青少年读物 Ⅳ．① X321.2-49

中国国家版本馆 CIP 数据核字 (2023) 第 244033 号

SHENGTAI DI-YI KE XIE GEI QINGSHAONIAN DE LYUSHUI QINGSHAN ZHONGGUO DE LIN
生态第一课·写给青少年的绿水青山·中国的林

出版发行	中国地图出版社	邮政编码	100054
社　　址	北京市西城区白纸坊西街 3 号	网　　址	www.sinomaps.com
电　　话	010-83490076　83495213	经　　销	新华书店
印　　刷	河北环京美印刷有限公司	印　　张	9.5
成品规格	185 mm × 260 mm		
版　　次	2023 年 12 月第 1 版	印　　次	2023 年 12 月河北第 1 次印刷
定　　价	39.80 元		
书　　号	ISBN 978-7-5204-3745-5		
审 图 号	GS 京（2023）2040 号		

本书中国国界线系按照中国地图出版社 1989 年出版的 1:400 万《中华人民共和国地形图》绘制。
如有印装质量问题，请与我社联系调换。

《生态第一课·写给青少年的绿水青山》丛书编委会

《中国的林》编委会

《中国的林》编辑部

策　　划 孙　水

统　　筹 孙　水　李　铮

责任编辑 董　蕊

编　　辑 何　慧　周　际　郝文玉　葛安玲

插画绘制 原琳颖　王荷芳

装帧设计 徐　莹　风尚境界

图片提供 林秦文　周　繇　李　东　王　孜　朱仁斌
王　飞　汪　远　肖　翠　视觉中国

前　言

生态文明建设关乎国家富强，关乎民族复兴，关乎人民幸福。纵观人类发展史和文明演进史，生态兴则文明兴，生态衰则文明衰。党的十八大以来，以习近平同志为核心的党中央以前所未有的力度抓生态文明建设，将生态文明建设纳入中国特色社会主义事业“五位一体”总体布局，建设美丽中国已经成为中国人民心向往之的奋斗目标。生态文明是人民群众共同参与共同建设共同享有的事业，每个人都是生态环境的保护者、建设者、受益者。

生态文明教育是建设人与自然和谐共生的现代化的重要支撑，也是树立和践行社会主义生态文明观的有效助力。其中，加强青少年生态文明教育尤为重要。青少年不仅是中国生态文明建设的生力军，更是建设美丽中国的实践者、推动者。在青少年世界观、人生观和价值观形成的关键时期，只有把生态文明教育做好做实，才能为未来培养具有生态文明价值观和实践能力的建设者和接班人。

为贯彻落实习近平生态文明思想，扎实推进生态文明建设，培养具有生态意识、生态智慧、生态行为的新时代青少年，我们编写了这套《生态第一课・写给青少年的绿水青山》丛书。

丛书以“山水林田湖草是生命共同体”的理念为指导，分为8册，按照山、水、林、田、湖、草、沙、海的顺序，多维度、全景式地展示我国自然资源要素的分布与变化、特征与原理、开发与利用，介绍我国生态文明建设的历史和现状、问题和措施、成效和展望，同时阐释这些自然资源要素承载的历史文化及其中所蕴含的生态文明理念，知识丰富，图文并茂，生动有趣，可读性强，能够让青少年深刻领悟到山水林田湖草沙是不可分割的整体，从而有助于青少年将人与自然和谐共生的理念和节约资源、保护环境的意识内化于心，外化于行。

人出生于世间，存于世间，依靠自然而生存，认识自然生态便是人生的第一课。策划出版这套丛书，有助于我们开展生态文明教育，引导青少年在学中行，行中悟，既要懂道理，又要做道理的实践者，将“绿水青山就是金山银山”的理念深植于心，为共同建设美丽中国打下坚实的基础。

这套丛书的编写得到了中国地质科学院地质研究所、中国水利水电科学研究院、中国水资源战略研究会暨全球水伙伴中国委员会、中国科学院植物研究所、农业农村部耕地质量监测保护中心、中国科学院南京地理与湖泊研究所、中国地质大学（武汉）地理与信息工程学院、自然资源部第二海洋研究所等单位的大力支持，在此谨向所有支持和帮助过本套丛书编写的单位、领导和专家表示诚挚的感谢。

本书编委会

图 例

符号	含义	符号	含义
★ 北京	首都		海岸线
⊙ 武汉	省级行政中心		河流、湖泊
	洲界		运河
未定	国界		沙漠
	省级界		
	特别行政区界		

目录

第一章　万古华夏林中来

第二章　百世流芳林大观

第三章　神州蔚然林天成

第四章　物华天宝林内藏

第五章　天灾人祸林有失

第六章　多方努力把林护

第一章 万古华夏林中来

黄河向东，日月向西，泱泱华夏，绵延至今。纵观人类生存发展与森林的关系，我们不难发现，中华民族一直秉持着和谐共生、因材施用、取用有度等思想。由此，中国人民在有效利用、保护森林这一珍贵资源的过程中，逐渐形成了中国独特的森林文化。

第一节 钟灵毓秀扬神州

“天覆地载”比喻恩泽深厚。人类诞生于林、栖息于林、依赖于林，森林是人类文明的摇篮，孕育和承载着巨大的自然资产和文化财富，它将自己的一切无私奉献给人类，这种恩泽如天覆地载般广阔。

长白山的冬季森林景观

人与林的共生演化

在人类文明发展的不同阶段，森林与人类的共生关系也各不相同，大致可以分为以下五种方式。

1. 莽莽密林人栖息

人类栖息于林，依赖于林，这是森林与人类的原始关系。如今在南美

川滇冷杉

洲的亚马孙流域，亚洲的孟加拉湾东部、安达曼群岛，以及非洲的刚果共和国等地区的丛林中，仍然有原始人类部落居住，过着与世隔绝的生活，维持着森林与人类之间的原始关系。在这种关系中，人类的衣食住行完全依赖于森林。受制于人口数量少、生产力低下，人类对森林的破坏程度低，并且还常对森林怀有崇拜之情。

“混沌之世，草昧未辟，土地全部，殆皆为蓊郁之森林。”

——《中国森林史料》

“有巢氏生，俾人居巢穴，积鸟兽之肉，聚草木之实。”

——《古三坟书》

2. 刀耕火种毁森林

随着人类生产力的进步，在新石器时代出现了一种利用森林的原始农耕方式——刀耕火种。先用砍伐或焚烧的方式清除地面上的森林，然后在清空后的空地上进行播种。这种刀耕火种的方法被人类使用了几千年，是人类利用森林的一种重要方式。现在，生活在今云南省、贵州省、广西壮族自治区、海南省等地的部分少数民族仍保留着此种农作方式。尽管刀耕火种会完全清除一片森林，对森林造成严重破坏，但在清除森林后的土地上，耕种活动只会持续较短暂的一段时间，然后就会进入休耕期。在休耕后的土地上，自然植被可以得到一定程度的恢复。

“上雒郡南六百里……皆深山穷谷……其民刀耕火种，大抵先斫山田，虽悬崖绝岭，树木尽仆，俟其干且燥，乃行火焉。火尚炽，即以种播之……”

——《畲田词》宋·王禹偁

“梁、汉之间，刀耕火耨，民以采稆为事……”

——《旧唐书·严震传》

刀耕火种

3. 辟林为田兴土木

随着人类社会发展，出现了另一种利用森林的方式——辟林为田。与刀耕火种不同的是，这种利用方式所辟的“田”是永久性的，人们会在这里持续进行耕种活动，而被砍伐后的森林则会永久消失。在漫长的辟林为田过程中，田的面积不断增加，林的面积不断减少。后来，人类逐渐走出了森林，但人们仍需要从森林中取材以制作工具、建筑房屋，同时通过狩猎与采集进行食物补充。在对林的持续利用过程中，人类开始了对森林的培育和保护，形成了约束人类与森林关系的早期“律法”或“民约”。

“神农氏作，斫木为耜，揉木为耒，耒耨之利，以教天下。”

——《易经·系辞》

“古者民茹草饮水，采树木之实，食蠃蠬之肉，时多疾病毒伤之害，于是神农始教民播植五谷，相土地所宜，燥湿肥硗高下。”

——《淮南子·修务训》

“禹之禁，春三月山林不登斧，以成草木之长……”

——《逸周书·大聚解》

辟林为田

4. 人工造林取资源

除了直接利用天然长成的森林，人工造林技术也随着社会发展需要而逐渐发展起来。造林先要种树，因而植树的历史相比造林要早得多。有关古人植树的最早记载可以追溯到 3000 年前，此后著名的植树典故也有很多，比如唐诗中经常提到的“隋柳”。中国造林的历史也很悠久，最早记载可以追溯到秦汉时期，相关记载就提到关于枣、栗、橘、漆、桑、竹等各类经济林。不过总体来看，古人还是以利用天然林为主，真正意义上的人工造林差不多是在近现代才发展起来的，从松树林、杉树林、杨树林、桉树林等各类用材林或经济林再到“三北”防护林，都是不同历史阶段中国造林的代表。人工造林的出现改变了人类过去单方面从天然林获取资源的情况，开启了森林培育和经营之路，也极大地改变了中国森林的组成和面貌。

“秦为邓道于天下，道广五十步，树以青松。”

——《至言》西汉 · 贾山

“安邑千树枣；燕、秦千树栗；蜀、汉、江陵千树橘；淮北、常山已南，河济之间千树萩；陈、夏千亩漆；齐、鲁千亩桑麻；渭川千亩竹……”

——《史记 · 货殖列传》

黑龙江省大庆市人工林

5. 与林共生相和谐

与林共生，即森林经营的可持续发展理念，是人类不断反思森林与人类的相互关系后提出来的。这一理念的提出主要基于两方面的背景。首先，工业革命以来，随着社会生产力大幅提高，人口急剧增加及城市不断扩张，人类对土地以及森林资源的需求也急剧增加，因而开始不断大肆砍伐、破坏森林，进而导致森林数量与质量急剧下降，造成了一系列的生态危机，如森林面积锐减、生物多样性降低、气候变暖、物种入侵等。与此同时，现代自然科学也随之兴起，与森林相关的各类学科，如森林学、生态学、自然地理学、森林培育学、森林经营学等蓬勃发展，人类对森林的认识、了解和利用也达到了前所未有的程度。

在上述两方面的背景下所提出的与林共生理念，不仅包含对森林的合理经营利用，更强调要实施保护措施对已经遭受破坏的森林生态系统进行生态修复或重建，最终实现人类与森林的和谐共处！

亲近森林

各个时期人与自然的关系简表

时期	森林利用特征	森林利用形式	人与森林关系
狩猎与采集文化时期	原始全林利用	食物、居住	人类完全依赖于森林，对森林破坏极少，并对森林产生崇拜
原始农耕文化时期	树干及动植物	食物补充、建筑材料、燃料	人类部分依赖于森林开垦与火，对森林有少许破坏
封建农耕文化时期	树干利用	建筑、燃料、商品木材	人类部分依赖于森林，但基本脱离森林，战争、火、开垦均对森林造成破坏
现代农业文化时期	树干利用	商品木材、燃料、非林产品	人类部分依赖于森林，开始人工营造森林，但另一方面又大肆砍伐、开垦，对森林破坏很大
工业与知识文化时期	全树利用	造纸及其他工业原料、商品木材	人类开采部分工业原料依赖于森林，大肆砍伐、环境破坏，使森林数量与质量急剧下降
生态与信息文化时期	高级全林利用	森林作用及生态利用、森林生态系统利用	人类与森林和谐共处、人类开始修复或重建森林生态系统

衣食住行林显能

18 世纪后期开始的工业革命可以视为世界现代城镇化的开端。19 世纪初，全世界只有 3% 的人生活在城市中。经过了 200 多年的人类发展，城镇化进程在全球迅速展开，而联合国人居署于 2022 年发布的《2022 世界城市状况报告》中指出，到 2050 年，全球城市人口将增长 22 亿，城市化仍然是 21 世纪一个强大的趋势。我们好像离森林、离自然越来越远了。

但事实并非如此。生活在钢筋水泥间的我们，衣食住行仍与森林密切相关。

随着科学技术的不断进步，现在能够用于制作服装的纤维种类越来越多，主要可以分为两大类——天然纤维和化学纤维。其中天然纤维又可以细

竹纤维面料时装秀上的服装作品

分为纤维素纤维（植物纤维）和蛋白质纤维（动物纤维），像棉、麻、竹就都属于纤维素纤维，而蚕丝则属于蛋白质纤维。

如果我们再进一步了解有关纤维素纤维的知识就会发现，原来我们每天穿着的衣物中蕴藏着如此多的来自森林的元素。按取出纤维的植物部位，纤维素纤维又分为种子纤维（棉）、韧皮纤维（亚麻、竹纤维）、叶纤维（剑麻、菠萝叶纤维）和果实纤维（椰壳纤维）等。这些来自森林的天然纤维经过加工后都是极好的穿着材料，具有透气性好、吸湿性强等优点。

以目前市场上比较受消费者喜爱的莱赛尔面料和莫代尔面料为例，它们都是以木材为原料制成的。莱赛尔面料是采用针叶树为原料，以一种对人体无毒无害、纺丝后可循环利用的化学试剂为溶剂纺制出来的再生纤维素纤维，生产过程基本无污染，具有良好的舒适性、染色性和生物降解性。而莫代尔面料也是一种再生纤维素纤维，以山毛榉木浆粕为原料，通过专门的纺丝工艺加工成纤维，同样能够被自然分解，且对人体无害。

食

社会生产力的不断进步让人们从茹毛饮血、果腹充饥发展到了“仓廪实而知礼节，衣食足而知荣辱”，开始追求饮食的健康、营养和美味，享受吃带来的生活乐趣。中国的饮食，在世界上是享有盛誉的。因我国幅员辽阔，各地气候条件存在差异，再加上民族众多，饮食习俗也各不相同，故出现了“南甜、北咸、东辣、西酸”的口味特点，形成了“川、鲁、粤、苏、闽、浙、湘、徽”八大菜系。

在我国的饮食观念中，森林所提供的饮食资源非常丰富，可谓只有你想不到的，没有在森林中找不到的。

在我国普遍被采食的森林蔬菜有上百种，如茎菜类的竹笋和芭蕉心、叶菜类的刺龙芽和长蕊石头花、花菜类的萱草花和芭蕉花，以及根菜类的山药和桔梗等，分布广泛、蕴藏量大。这些森林蔬菜在自然条件下生长，含有丰富的营养，属于无公害“天然食品”。除了食用，大多数森林蔬菜还有药用价值，如马齿苋就被誉为“天然抗生素”，具有较强的镇痛、抗炎作用，对多种细菌具有抑制作用。

长蕊石头花，别名霞草

长蕊石头花叶子做的馅饼

住

从远古时期到现代社会，树木都为人类家园的建设作出了卓越的贡献。从最初的半穴居、巢居、干栏式木架，逐渐发展到夯土建筑、茅茨土阶、瓦屋和高台建筑，树木一直是人类家园的主要建造材料。

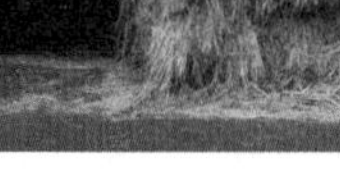

巢居

河姆渡古村落建筑模拟景观

现代木质建筑：杭州市萧山树屋

北京市颐和园古建筑凉亭顶部木结构藻井

中国古代建筑的种类有很多，如宫殿、园林、寺院、道观、桥梁、塔刹等，其架构大都以木结构为基础，有的使用数万个木构件，没用一根钉子，就能将所有木构件紧密地搭建并连接起来，历经数百年甚至是数千年风雨仍然屹立不倒。

在中国古建筑中常见的“四梁八柱”指的就是用四根梁和八根柱子来支撑起整个建筑，而这“四梁八柱”所使用的材料就是木头。“梁”在建筑中除了具有承受外力的实际作用，梁上的彩绘更蕴含着中国人的审美品位。绝大多数古代建筑在室内都不设天花板，房屋的梁枋都是暴露在外的。为了使房屋内部更加美观，在建造中人们会对梁进行不同的雕刻、彩绘装饰。梁枋彩绘代表着一种审美情趣，蕴含着深厚的中国文化，将中国古建筑美学展现得淋漓尽致。

应县木塔

北京市颐和园木制长廊的梁上彩绘

榫卯连接

凸起来的榫头和凹进去的卯眼扣在一起，不需要胶水或钉子进行固定，两块木头就能紧密连接，这就是榫卯连接。榫卯连接是中国传统木结构建筑文化的精髓，人们发现早在约七千年前新石器时代的河姆渡文化遗址中，大量的木质建筑遗址中就已运用了比较成熟的榫卯连接。到了明朝及清朝前期，榫卯技术已臻于成熟完善，既符合力学原理，简单精准，又能与造型充分结合，实现了结构美和造型美的完美融合。

榫卯连接

生活在现代的人们出行方式多种多样，飞机、高铁、汽车，还有电动车和共享单车……我们现在所使用的交通工具都各有其独特的发展历史，但它们有一个共同点是都由钢铁制造，因为钢铁能提高交通工具的安全性并延

长其使用寿命。但是在古代，由于技术能力的限制，人们无法像现在一样锻造出坚硬的钢铁，于是只能将目光投向挺拔的参天大树。

用砍伐的木材，人们制作出了各式各样的古代交通工具。最早出现的水上乘载工具是筏子和独木舟。筏子是一种用树木或竹子并排扎在一起的扁平状水上交通工具，而独木舟则是用独根树干挖成的小舟，舟身完整无缝，结实耐用，至今还被我国一些地区的人们当作渡河工具来使用。

在新疆维吾尔自治区塔克拉玛干沙漠与塔里木河尉犁段交汇处，人划卡盆（胡杨木制独木舟）渡河前往对岸天然胡杨林管护区

第二节　浩如烟海林之功

在中国数千年的历史文明发展的长河中，丰富多彩的森林文化深刻影响了中国人的文字语言、文学艺术、风土人情、工艺建筑、宗教礼仪以及思想理念等生活的各个方面，慢慢积累出了博大精深的中华优秀传统文化，让后人引以为荣。

源于森林生活的汉字

时间的齿轮不停转动，人们慢慢与森林形成了物我共生的和谐关系。华夏先祖们依存于森林劳作造物的社会生活，形成了自己对千姿百态的木竹花草、鸟兽禽虫、山体水流等大自然形象的生动见解，这些对汉字的构成影响深远，可以说森林就像一位使者，启迪了人们造字的智慧。

以“木”“林”“森”三字为例。“木”字是象形字，最早见于商代甲骨文，其字形像一棵树，上部为树枝，下部为树根；“林”字则是像两棵树木“手拉手”的形象，意为“成片的树木”；当人们面对一望无际、郁郁葱葱的林海时，“森”字便诞生了。在历史朝代的更替中，人们的生产生活发生了很多变化，文字作为人们交流记录的重要载体，也经历了从甲骨文到小篆、隶书、楷书等字形的演变，最终变成了我们今天所使用的汉字的模样。

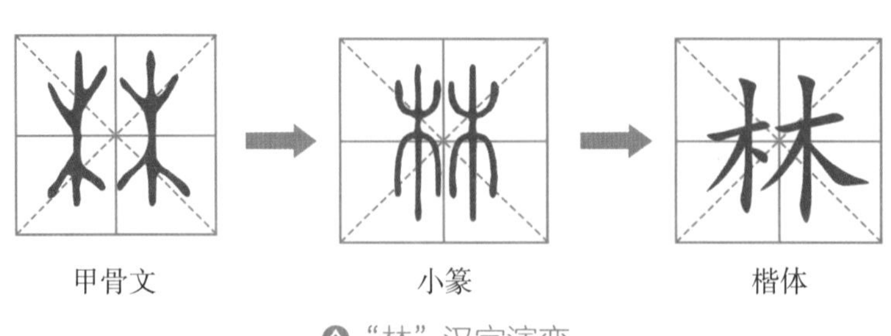

“林”汉字演变

·信息卡·　汉字的演变

中国的汉字经历了三次重要的变革。第一次是从夏朝到商周时期采用的形声造字法，这次变革突破了“以形造字”“无形可象”的困境；第二次是在战国时期，秦始皇统一六国后，将秦国的小篆体“秦篆”作为全国统一的字体，这一举措不仅有利于国家的统治，也对汉字的规范化起到了积极作用；第三次是在中华人民共和国成立以后，大规模推行的汉字简化政策，即从1956年公布的《汉字简化方案》，到1958年的《当前文字改革的任务》提出了“全面简化汉字、推广普通话、制定和推行汉语拼音方案”三大任务，从此中国大部分地区广泛使用简体字。

文字演变也受森林启发

在文字的发展中，含有“木”“林”元素的汉字非常多。

比如“霖”字，雨落在山林中滋润了万物，人们便将“雨”和“林”结合造该字；“艺”字，在甲骨文中的形象是一个人跪在地上双手捧着树苗准备栽种，表示为种植的意思，由于种植庄稼、树木等是一项技术活，因此“艺”又可以引申为“才能、技能”等含义；“东”字，在甲骨文中的形象为太阳在“木”中，表示太阳刚刚升起，给万物带来生机。

除了以上的文字，依托于森林中的植物、动物以及人们在森林中的所见所感而创造的文字不胜枚举，而森林对人类文明发展的启发远不止于此。

“霖”甲骨文

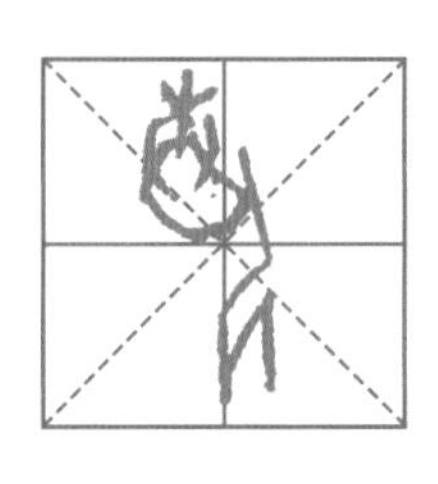

“艺”甲骨文

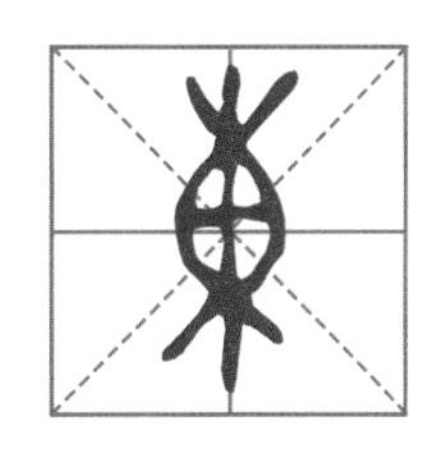

“东”甲骨文

成语、姓氏、地名皆有林的踪影

当人们站在山顶俯瞰山脚，众多树木紧密排列，形成茂密的森林，让人联想到成语“高山密林”；当古人为了远离尘世的喧嚣，隐居于山林之中享受自然的美好时，便产生了“寄迹山林”这个成语，寓意为退隐山林；当人们看到一排排、一列列树木给人以庄严肃穆的感觉时，便造出成语“戒备森严”，形容防守严密；当人们面对参天大树所带来的压迫感时，便联想到“毛骨森竦”“阴森可怖”等成语，形容给人带来的恐惧。

除了成语，中国有些姓氏和地名也与森林树木有关。据《周礼·地官司徒·大司徒》记载:“设其社稷之遗而树之田主，各以其野之所宜木，遂以名其社与其野。”意思是说在祭祀土谷之神的地方，根据土地的适应性，种植相应的树木，这个地名就以这种树木来命名。如位于北京市平谷区的梨树沟，是长城脚下的一道山谷，沟口外原有一棵高大的杜梨树，这条沟便以此为名。

在古代，很多人是没有姓氏的。姓氏是只有君主及达官显贵才有的“奢侈品”。随着时间的推移，老百姓也逐渐有了姓氏，但与贵族的“赐姓”不同，老百姓的姓氏来自他们的居住地周围的标志物。比如，若杨树多，该地百姓就多姓“杨”，若柳树多，则该地百姓就多姓“柳”。在这些姓氏中均可窥见森林的影子。

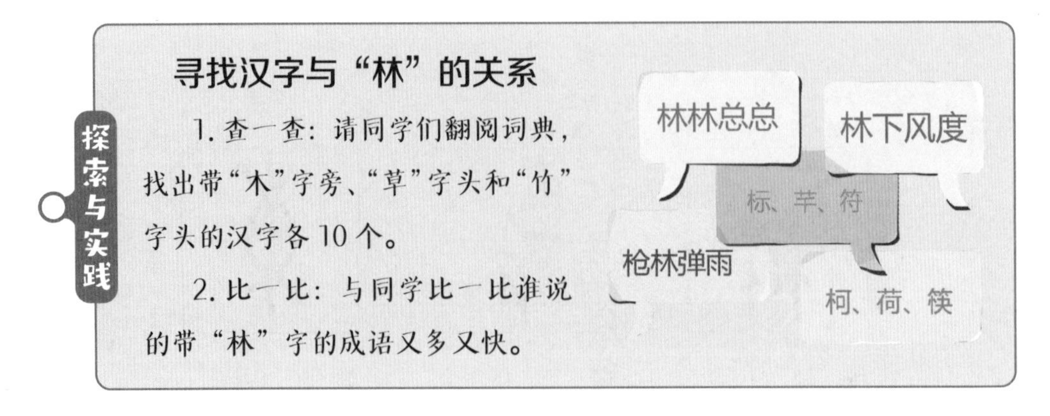

第三节　博大精深林之灵

森林不仅在衣食住行方面为人类提供了丰富的物质资源，更是人类精神世界的灵感来源。无论是借景抒怀的诗歌、绘画等美学作品，还是人类从古至今所形成的爱护森林的思想观念，森林文化正以契合时代价值的方式深度融入人类生活。

文学作品蕴情感

《诗经》开中国诗歌之先河，在汉语发展史和文学史上都占有重要地位。《诗经》中，与林木、竹、藤和动植物相关的诗歌有 123 首，约占《诗经》诗歌总数的 40%。这些诗将人对木竹、花卉、鸟兽等的外观、习性与人物形象、品性联系起来，通过铺陈直叙、类比借喻、触物起兴等创作手法，利用重章叠句、反复吟咏、一唱三叹等表现形式，抒发对自然万象、人间百态的感慨，表达对美好爱情的追求，对辛勤劳作和社会民生的倾诉等。

《诗经》（清代刻本）书影

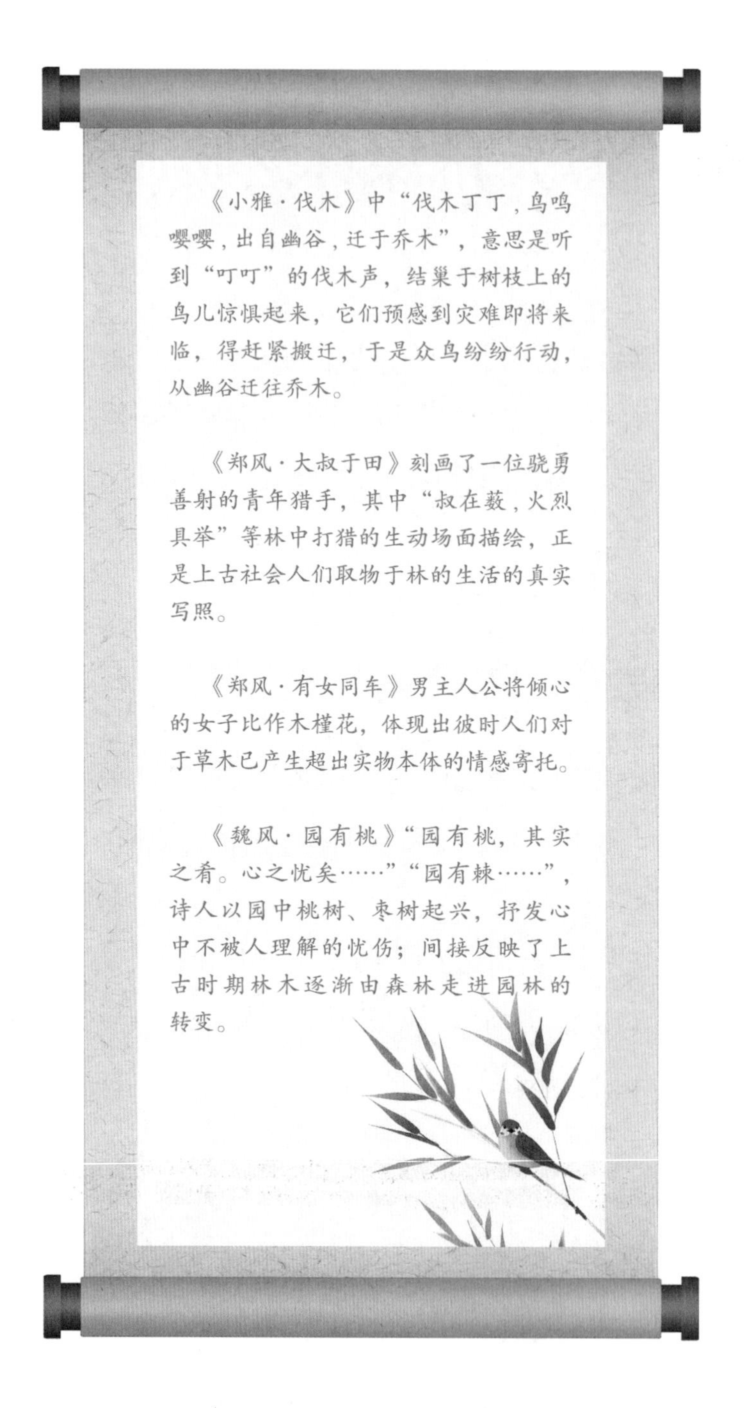

《小雅·伐木》中“伐木丁丁，鸟鸣嘤嘤，出自幽谷，迁于乔木”，意思是听到“叮叮”的伐木声，结巢于树枝上的鸟儿惊惧起来，它们预感到灾难即将来临，得赶紧搬迁，于是众鸟纷纷行动，从幽谷迁往乔木。

《郑风·大叔于田》刻画了一位骁勇善射的青年猎手，其中“叔在薮，火烈具举”等林中打猎的生动场面描绘，正是上古社会人们取物于林的生活的真实写照。

《郑风·有女同车》男主人公将倾心的女子比作木槿花，体现出彼时人们对于草木已产生超出实物本体的情感寄托。

《魏风·园有桃》“园有桃，其实之肴。心之忧矣……”“园有棘……”，诗人以园中桃树、枣树起兴，抒发心中不被人理解的忧伤；间接反映了上古时期林木逐渐由森林走进园林的转变。

上面这些诗句都生动地描绘了先民与森林共生、靠森林造物的境况。

《诗经》只是一个开始，那些在中国诗词盛世诞生出的描写山水、树木、森林的作品也十分值得我们关注。东晋时期陶渊明的《桃花源记》中便有关于林的内容："忽逢桃花林，夹岸数百步，中无杂树，芳草鲜美，落英缤纷。渔人甚异之……林尽水源，便得一山，山有小口，仿佛若有光。"北宋欧阳修《醉翁亭记》中也写道："其西南诸峰，林壑尤美，望之蔚然而深秀者，琅琊也……然而禽鸟知山林之乐，而不知人之乐；人知从太守游而乐，而不知太守之乐其乐也。"这些作品人们耳熟能详，每次诵读都让人体会到作者身在林中，精神超脱物外的情感延伸。

拓展阅读　《水杉歌》里话森林

《水杉歌》节选

纪追白垩年一亿，莽莽坤维风景丽；
特西斯海亘穷荒，赤道暖流布温煦。
陆无山岳但坡陀，沧海横流沮洳多；
密林丰薮蔽天日，冥云玄雾迷羲和。
兽蹄鸟迹尚无朕，恐龙恶蜥横跛娑；
水杉斯时乃特立，凌霄巨木环北极。
虬枝铁干逾十围，肯与群株计寻尺；
极方季节惟春冬，春日不落万卉荣。
半载昏昏黯长夜，空张极焰光朦胧；
光合无由叶乃落，习性余留犹似昨。
肃然一幅三纪图，古今冬景同萧疏；
三纪山川生巨变，造化洪炉恣鼓扇。

不同于以往的诗歌，《水杉歌》被誉为亘古未有的科学诗。《水杉歌》的作者是中国植物分类学奠基人胡先骕，他也是水杉的重要发现人和命名人之一。水杉的发现，是近现代中国科学史上的一件大事，为此胡先骕特别创作了这首多达70句490字的长韵。

全诗开篇展示了一亿年前白垩纪时期的生态环境，那时的地球原始荒蛮，气候湿热，不仅有壮阔的森林，还生活着包括恐龙在内的各类远古动物。

紧接着作者重点介绍了水杉。水杉是一种落叶的裸子植物，在现今植物分类系统中属于柏科水杉属，在白垩纪时期广泛分布于北半球，被认为是当时森林的重要建群树种。但到了第三纪时期，地球生态环境发生巨变，导致北半球大部分地区被冰雪覆盖，大部分植物种类被迫南迁或消亡。同样，大部分水杉也几乎灭绝，只在某些地区留下了化石。

而中国植物学家在中国的一个小地方（今湖北省利川市磨刀溪）竟然发现了活着的水杉！这一重大发现引起了国际植物学界的关注和兴趣，水杉也成了许多国家争先引种的珍奇植物。

《水杉歌》的故事讲到这里还没有结束，后面作者还深刻讲述了中国丰富的植物资源以及中国植物分类研究的发展历程。《水杉歌》的全文目前篆刻在国家植物园樱桃沟的水杉亭侧岩壁上。此处的旁边就是一片北方最大的水杉林，它正继续讲述着水杉的故事。

音乐艺术增美感

中国民族乐器历史悠久，从“乐”的甲骨文“𢆶”字形可知，音乐也由木而生——森林树木是乐器的重要原料。

最古老的乐器之一是敲击体鸣乐器，其中最具代表性的是木鼓。木鼓，佤语称“克罗克”，不仅是佤族乐器和报警器具，也是佤族的象征，被佤族人民视为神圣之物。木鼓的原型是一段空心的木头，形制古朴、发音低沉，应用广泛。

吹奏乐器可溯源到吹响树叶或竹竿的时期，丝弦乐器可溯源到人们狩猎时用的木质弓箭，直到今天，乐器材质仍以木质为主。

二胡　　琵琶

中国古代四大发明之一的印刷术是人类文明发展史上重要的里程碑。

在印刷的生产应用中，人们不断改良技术和材料的使用方法，相继发明出了可归入雕版印刷、活字印刷和套版印刷三大类的多种印刷方法。在这三种主要的印刷方法中，我们都能看到木头的身影。

雕版印刷的方法如下：古人将书写好的文字纸正面朝下贴在木板上，用工具在木板上沿着字的边缘雕刻，使所有文字都突出于木板平面（即阳文雕刻），接着，在板上刷墨，然后覆纸将墨色刷印在纸上，一页文字就这样印刷完成了。

同样，人们也可将图画雕印在一整块木板上，刷印后得到一张黑白画。那如果想要一张彩色的画怎么办呢？有两种方法。一是在同一块板上施以不同的颜色一次套印而成，称为“涂板”或“套色”。二是将同一版面的不同颜色部分分别刻板和施色，再按一定顺序分几次套印而成，称为“套版”或“套印”。

后来，为了提高生产效率，降低生产成本，人们发明出了活字印刷术。雕版印刷时，每雕刻一版，其内容是固定的，若失误雕错了字，就需要整版报废重新雕刻。而活字印刷是按韵写字后贴在木板上刻好，再用细齿小锯将木板上的字锯成单个字，整理好备用，印刷时按照内容从刻好的字中挑选出需要的字，排好后刷墨印刷即可。

雕版印刷

活字印刷

木版年画

木雕文化融慧根

从古至今，中国人民就是一个注重美的民族。这种美往往表现为一种自然、简单的形态。在人类与树木相生相伴的过程中，人们也尝试创作出了很多以树木为原料的艺术品，其中木雕和根雕所蕴含的文化价值不容小觑。

比如，根雕就是以树根（包括树身、树瘤、竹根等）的自生形态及畸变形态为艺术创作对象，通过构思立意、艺术加工及工艺处理，创作出人物、动物、器物等形象的艺术作品。根雕艺术是自然美与创造性加工融合的造型艺术，其工艺讲究“三分人工，七分天成”，意在根雕创作中，主要利用根材的天然形态来表现艺术形象，人工处理修饰只是辅助。

木雕一般选用质地细密坚韧，不易变形的树种，如楠木、紫檀、樟木、柏木、银杏、沉香、黄檀、龙眼等。2008 年，木雕经国务院批准列入第二批国家级非物质文化遗产名录。木雕分为圆雕、浮雕、镂雕等技法，有时也会几种技法并用，根据作品需要还可以施彩，以保护木质和进一步美化。

木雕作品展示：螃蟹

根雕作品展示：“天下第一参”

每一首诗词，都诉说着一份独特的情感；每一行乐句，都吟咏着一段世人的故事；每一件雕塑，都见证着一段特别的历史。如今，无论身处何地，与森林有关的物品随处可见，与森林相关的文化载体更是不胜枚举、无处不在，这些作品都是华夏祖先留给后人的恩泽，蕴含着深厚的森林文化价值。

第四节　贞松劲柏林之贤

“贞松劲柏”常用来形容人的高尚情操。人们常常观察松柏、杨柳、樟楠、杉檀等树木的生态习性，以喻志和比德；人们运用比喻、拟人、借代和象征等手法，将森林物性与人性融为一体，抒发情感、表达人生观和价值观，塑造了中国人像松柏一样坚贞、强韧的民族性格。

自古以来，中国人就非常重视对森林的研究和保护，在对森林的研究和守护中出现了这样一批人，他们以山为家、以林为伴，守护森林、守护青山，用自己的辛勤付出筑牢了中国的生态屏障。

最早的林官是谁？

中国古代有个官方机构叫“虞”。“虞”既是机构名，也是官衔名，山、林、川、泽的保护与治理都归它管。

第一任虞官名叫伯益，伯益工作做得相当称职。从史书记载和传说来看，伯益是治水专家大禹的得力助手。伯益发明了打井取水的技术，造福于民。此外，他还是动物保护的权威人士，倡导生态平衡发展。

周朝时，相关部门的分工更加细化，有山虞、泽虞、林衡、川衡之分。随后官职的名称和规格不断地进行调整，一直到唐朝的时候，掌管森林的官职被称为“林苑使”。在明清两代，森林资源的重要性更是被更多人所认识，于是在这两朝中，与林有关的官职的规格也得到了大幅提升。

大名鼎鼎“左公柳”

晚清时期，现代意义上的生态环保意识和思想已经产生。清代在山林养护的政策上，崇尚适度节用，重视防盗禁火，并安排了专门的管理人员，由他们各司其职，守护一方，并承担植树培山、养护山林的职责。

据历史记载，晚清时期，左宗棠为收复新疆，率领湘兵进军西北大漠。在气候干燥的环境中，军中很多人水土不服。左宗棠遂命令筑路军队在大道沿途、宜林地带和近城道旁栽杨树、柳树和沙枣树，名曰“道柳”。凡他所到之处，都要动员军民植树造林。

左宗棠栽种的柳树绵延数千千米，成了一道亮丽的风景线，同时福泽后世，使原本满目黄沙的不毛之地有了生机。可以说，左宗棠在一百多年前，就已经用自己的行动践行着“绿水青山就是金山银山”的理念，堪称是中国近代最重视环保的将军。人们为了纪念左宗棠的功绩，将这数千千米的柳树尊称为“左公柳”。

大名鼎鼎的左公柳与通常我们在湖畔河边看到的婀娜柔软的柳树大不

左公柳

相同，这种塞外的柳树枝干是挺拔的，且枝条坚定地向上生长着。这屹立在戈壁滩上的刚强之树，大有英勇无畏、压倒一切困苦的气势！正是在这种精神的激励下，一代又一代中华儿女凭着勤劳、勇敢、善良、坚韧的民族品格，创造出了辉煌灿烂的文明。

现代林业英模

在认识森林、探索森林和保护森林的历史进程中，涌现出了许多著名的专家学者，他们的生平事迹值得人们学习。

林业奠基人——梁希。他作为中国林业教育的奠基人，对中国农林高等院校体系建设的影响巨大而深远，并长期从事林产制造化学方面的教学与研究，治学严谨，注重实验教学，使“林产制造化学”成了一门独立的学科，并首创了森林化学实验室。另外，他还编写了很多讲义，其中《林产制造化学》是他花尽一生心血写成的60多万字的教科书。

林学泰斗——陈嵘。他致力于建设教育林场，编写了符合中国实际的《造林学概要》《造林学各论》和《造林学特论》等，为中国造林学奠定了基础。此外，他还编著有《中国森林史料》《中国森林植物地理学》，均对中国林业科学的发展影响深远。

大地之子——蔡希陶。在20世纪50年代，中国缺乏自主生产的橡胶原料基地。蔡希陶急国家之所急，在经过细致的实地考察后，提出西双版纳是发展人工橡胶林的适宜地。该建议被国务院采纳，推动了中国人工橡胶林的种植发展，并获得了“国家科技发明一等奖”。

植物学开拓者——刘慎谔。他是植物分类学家、地植物学家和林学家，中国植物学研究的开拓者和奠基人之一，钻研森林生态学理论，编写了《动态地植物学》和《历史植物地理学》，为中国的植物和森林保护、沙漠治理做出了卓越贡献。

森林调查工作进行中

古往今来，保护森林的模范人物层出不穷，他们一生与林相伴，用自己的智慧和实际行动守护林海，用自己的双手打造一片片美丽的绿色，深刻诠释了平凡而又伟大的人生。

森林文化是中华传统文化的重要组成部分。在华夏文明上下五千年乃至更长的文明进程中，中华民族的生存、繁衍、发展经历着“用木、崇木、惜木到护木”的历程，与森林保持着休戚与共、相互依赖、和谐共生的关系。同时，在历史的长河中，华夏儿女们创造出了众多浩如烟海的文化典籍和艺术作品。这些艺术作品源于人们对森林赋予的各种资源的感激之情，反映了人们对森林的敬畏和崇拜。在此基础上，这些感情逐渐升华为人们共同尊崇和歌颂的苍松翠柏般坚强、无私、向上的品格。

第二章 百世流芳林大观

说起森林，同学们的脑海中可能会浮现出大片茂密的树木的景象。在学术领域中，森林被定义为以木本植物为主体的生物群落。根据对“树木”定义的不同，森林的概念也有所不同。狭义的森林仅指由乔木组成的乔木林，广义的森林则包括所有主要由木本植物或类似植物组成的植被。

此外，森林还是地球上最复杂的生态系统类型。森林生态系统主要指以树木为主体的森林生物群落（包括动物、植物和微生物）与非生物环境（光、热、水、气、土壤等）之间相互影响、相互依存又相互制约，并进行能量转换和物质循环流动的综合生态体系。

第一节　探赜索隐林之秘

“探赜索隐”出自《周易 · 系辞上》，意思是探究深奥的道理，搜索隐秘的事情。在茫茫林海中，生活着数以万计的生物，大到遮天蔽日的大树，小到无法用肉眼看到的微生物，每一种生物都有其独特的生命轨迹，这其中的奥秘等待着人类去逐一探寻。

剖析森林看结构

作为一个复杂的生态系统，森林不仅具有复杂的构成因素，在空间上还形成了复杂的分层结构，更是发展出了极为复杂的能量传递、物质循环等方面的子系统。

要了解森林生态系统，首先要了解其构成因素。

生态因素可分为生物因素和非生物因素。生物因素一般再分为生产者、消费者以及分解者。森林生态系统以营养为纽带，把生物因素和非生物因素紧密地结合起来，构成以生产者、消费者和分解者为中心的三大功能类群，他们又和环境中的各种非生物因素有着多种联系，共同完成生态系统的生态过程和功能。

生产者是自养生物，主要包括森林中的各类绿色植物。生产者能够通过光合作用生产生物赖以生存的物质和能量，在生态系统中起主导作用。

消费者是异养生物，主要包括以其他生物为食的各种动物，如植食动物、肉食动物、杂食动物和寄生动物等。消费者本身不能进行物质和能量的生产，在生态系统中主要通过食物链起到传递作用。依据所处层次的不同，消费者还可以被细分为初级消费者、次级消费者以及三级消费者。

分解者也是异养生物，主要包括各类细菌和真菌，也包括森林中的原生动物和蚯蚓、白蚁等腐食性动物。分解者能够分解动植物的残体、排泄物和各种复杂的有机化合物，最终将有机物分解为简单的无机物。这些无机物能够被生产者重新加以利用，从而完成森林生态系统中的物质循环。

非生物因素可分为能量因素和物质因素。森林生态系统的能量因素来自阳光，并受到各种相关生态因子的影响，包括水分、热量、经度、纬度、海拔以及地形等。物质因素则包括水分、空气（氧气、二氧化碳等）以及养分（氮、磷、钾、各种无机盐及有机质）等。

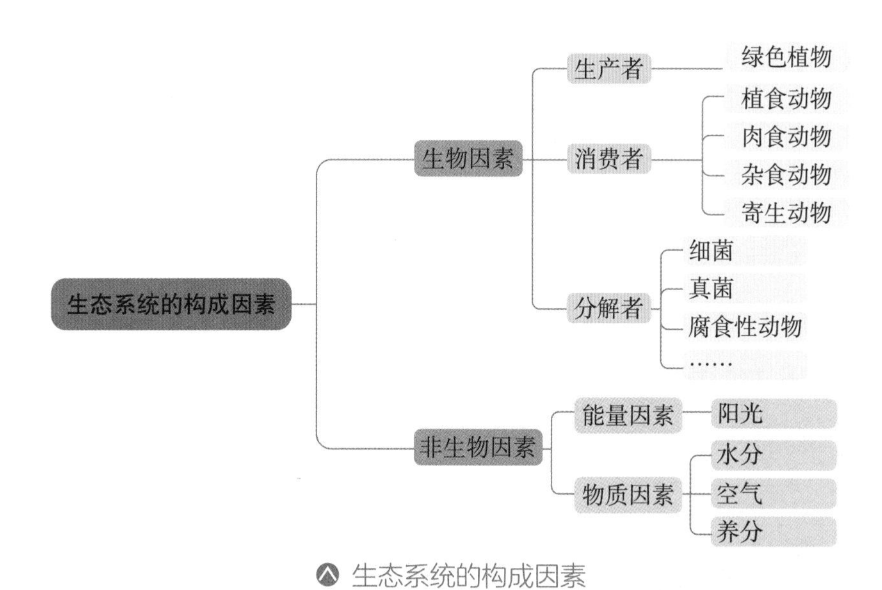

生态系统的构成因素

四种层次是基础

作为地球地表上最复杂的生态系统，森林结构极为复杂，其中关键的一点便是森林结构的层次性。这种层次性也造就了错落有致、造型各异、精彩纷呈的森林之美。

典型的温带森林一般可以分为四个基本层次，包括乔木层、灌木层、草本植物层和活地被物层。热带森林的层次往往更为复杂，尤其是具有异常发达的林间层，而灌木林、竹林以及人工林等的植被类型结构则较为简单。

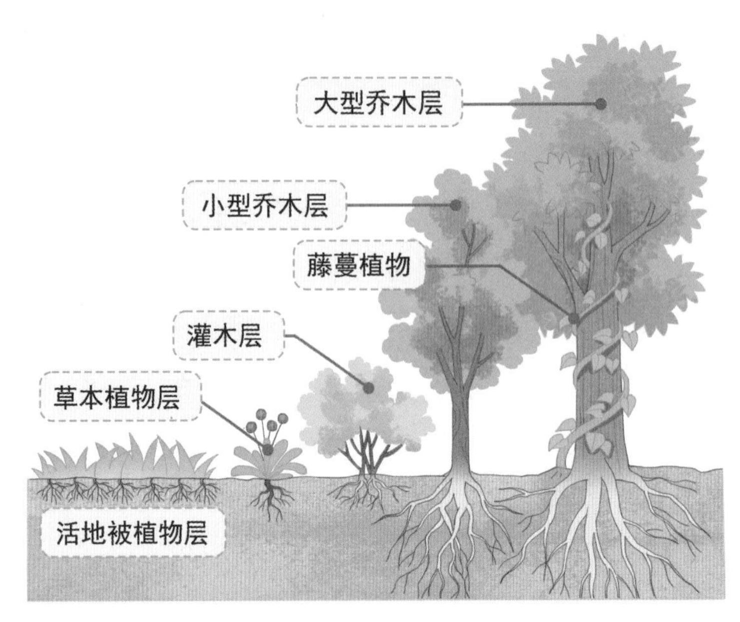

森林层次结构简单示意图

乔木层是乔木林的最主要层次，位于最上层，决定了森林的群落外貌。乔木通常树体高大，具有直立主干，常有树干和树冠的明显区分。在热带森林中，乔木层往往更为复杂。根据不同乔木层的高度，还可以再细分为大型乔木层和小型乔木层。

大兴安岭山杨林中的乔木层

灌木层是森林植被中由各种灌木构成的层次。灌木一般指的是较为低矮的木本植物，一般没有明显主干，并通常呈丛生状态而无树干和树冠的明显区分。在灌木林中，灌木层是其主要的层次；在温带森林中，灌木层也是其重要的层次；在热带森林中，灌木层往往与小型乔木层混杂在一起，两者在远观时难以区分。

草本植物层是在地表由草本植物种类构成的层次。草本植物通常不具有木质结构，且高度相对低矮。在温带及亚热带的大多数森林中，草本植物层较为发达，并且种类繁杂多变。而在热带森林中，高大的乔木遮天蔽日，林下缺乏阳光，地表上的草本层反而看上去不甚发达，许多草本植物演变为附生植物向上生长，进入森林上层的林冠中生活。

活地被物层一般位于群落的最下层，由地表的苔藓、地衣、菌类等种类组成。活地被物层在森林生态系统中也扮演着极为重要的角色，但由于该层次过于微小而不显著，至今人们仍缺乏对其系统而深入的研究，人们对其的了解依然十分有限。

北京郊区落叶林中的灌木层，其中的迎红杜鹃在早春时大片开花

新疆维吾尔自治区喀纳斯落叶林下的草本层，大片的新疆猪牙花在早春时绽放出美丽的花朵

大兴安岭落叶松林下的苔藓层

大兴安岭落叶松林下的地衣层

北京郊区落叶林下生长的菌类层——这是一种地星，成熟后用手触碰，其孢子会像黑烟似的从顶部开口喷出

林间层是指主要生长在地表到树冠之间的一类特殊植物构成的层次。构成林间层的植物类别主要有种类繁多的藤蔓植物、附生植物以及寄生植物。温带森林的林间层往往不太发达，组成种类也相对较少；而在亚热带森林中，林间层较为常见，组成种类也较繁多，发挥的作用不容忽视；到了热带森林中，林间层几乎随处可见，组成种类纷繁复杂，常常构成独特的“空中花园”景观，成为热带森林的重要标志。

森林成层现象的不同，主要取决于不同森林中水分、温度、光照、地形地貌、土壤和植物的生态学特性，以及森林中各种植物之间在充分利用生长空间和这些环境因子方面形成的一种适应。森林的神奇之处就在于构

云南省贡山独龙族怒族自治县，一棵树上附生着多种兰科植物

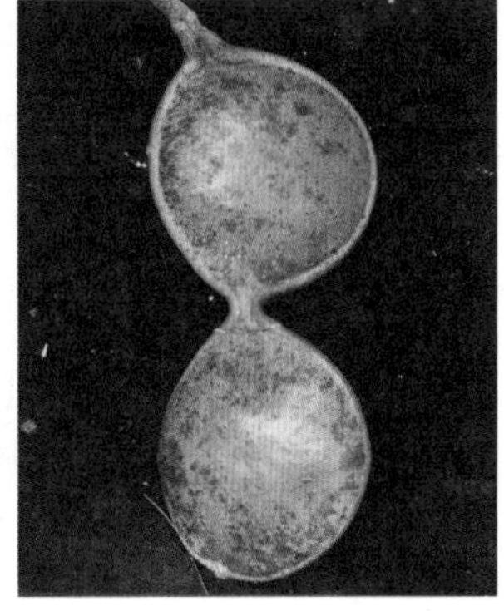

海南省森林中的藤蔓植物榼藤，果实酷似眼镜

海南省鹦哥岭常绿林中大树上的离瓣寄生，花红色而鲜艳

成森林的不同层次之间既相互依赖，又相互影响，并且每个层次都具有特定的生态环境，并具有一定数量的生态特性相近的植物种类和个体；不同层次植物的生态特性以及对环境的要求各异，既相互适应，又相对稳定。

传递循环是关键

森林作为一个动态的生态系统，能量的获取、传递和循环是存在和发展的关键。其中，森林能量的获取是通过绿色植物的光合作用从阳光中得到的。那么，能量的传递又是怎么实现的呢？答案是食物链。

食物链是指通过捕食关系，从生产者开始，经各级消费者顺序取食而构成的营养序列。各生物成分间的捕食关系好似一个链条，一环扣一环。俗语“大鱼吃小鱼，小鱼吃虾米，虾米吃泥巴（指浮游生物）”是对食物链的生动写照。由于各级消费者之间的捕食关系通常不是唯一的，不同食物链之间经常相互交叉、相互影响，最终形成了错综复杂的网状联系，即食物网。

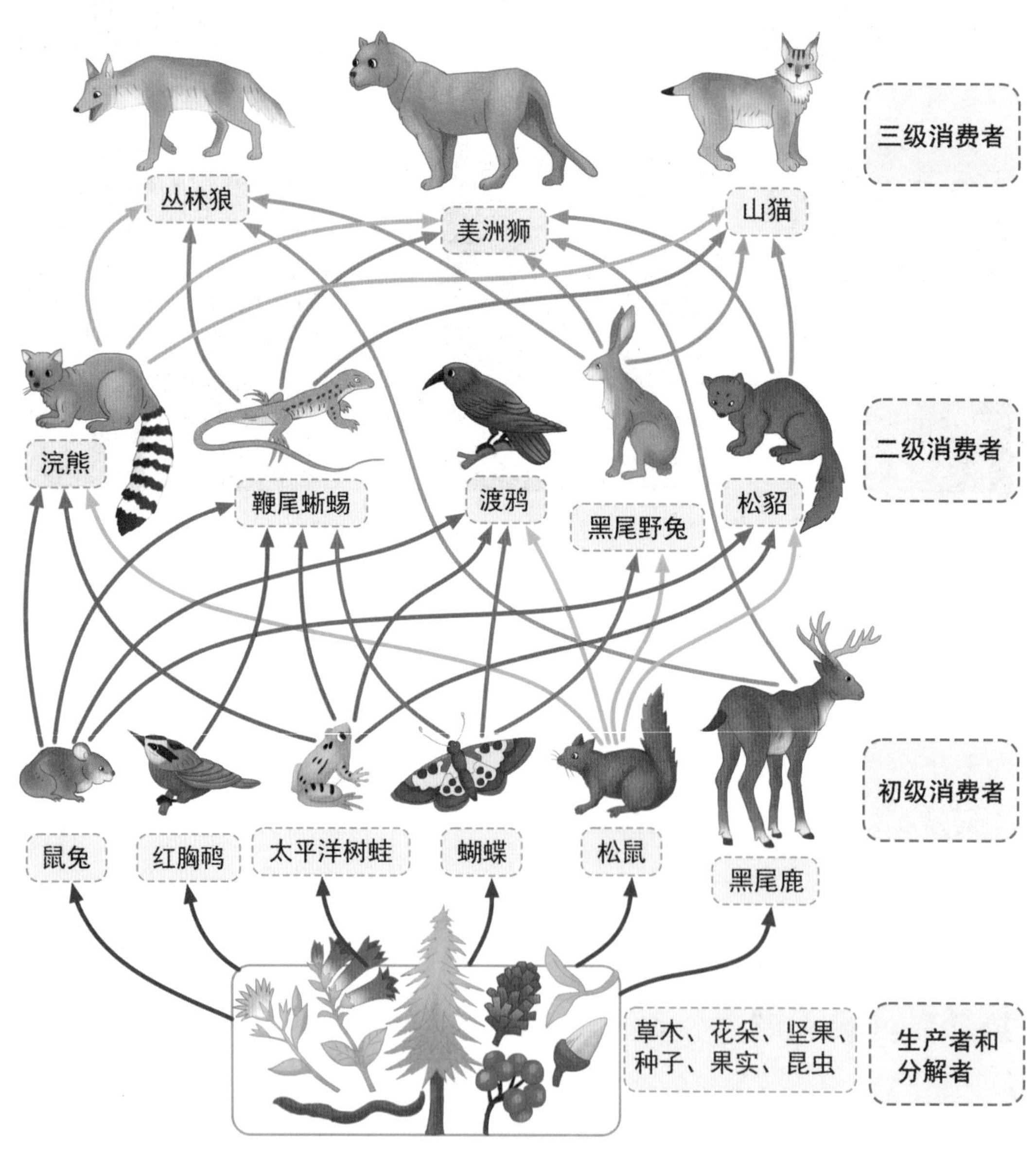

美国西部地区的森林生态系统食物网

在森林生态系统中，绿色植物吸收太阳能后，通过食物链依次由上一个营养级向下一个营养级传递，越接近绿色植物的营养级可利用的能量就越多，并顺着营养级依次减少。相关研究表明，每一级的能量转换效率平均不超过10%，从而构成了生态系统的能量金字塔。

森林生态系统要维持动态的平衡和发展，保持相关物质循环的平衡是非常重要的。森林物质循环指的是各种物质在森林生态系统中被生产者和消费者吸收、利用，以及分解、释放，又再度被吸收的过程。具体来看，森林物质循环又可分为水循环、养分循环以及多种具体化学元素（碳、氮、氢、氧、磷、钾、硫等）的循环，其中碳循环是最受人们关注的循环过程。

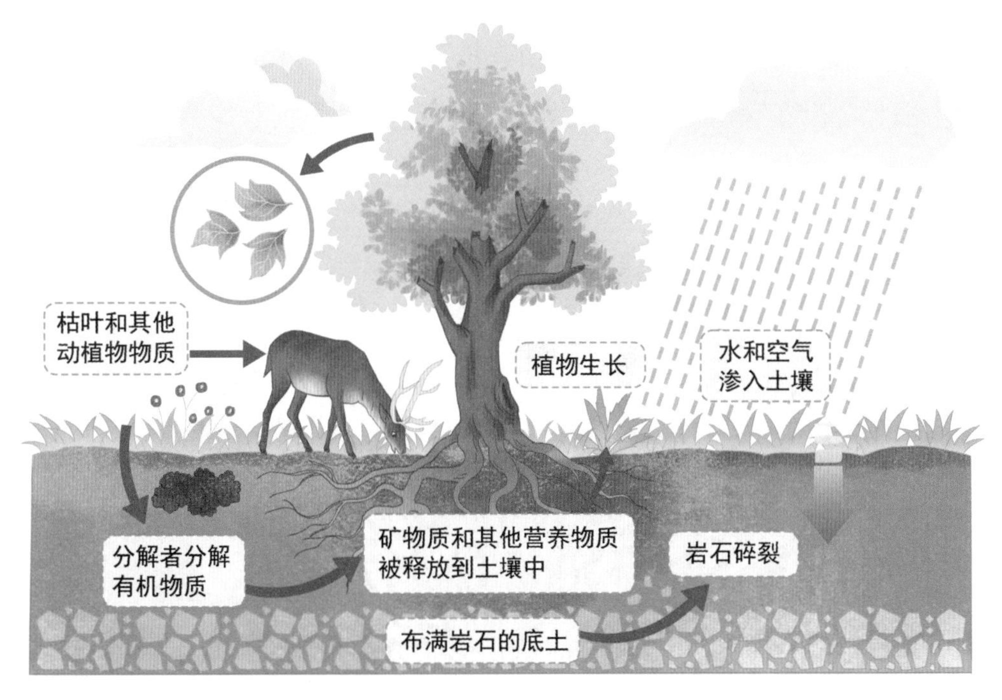

森林生态系统中的养分循环

“信息通讯”真奇妙

在电影《阿凡达》中，潘多拉星球上的不同生命体之间不仅可以相互连接传递信息，而且整个潘多拉的树木也形成了一个巨大的“树联网”，甚至这个网络中还储存着海量的信息。这样的场景并非完全凭空虚构。在现实中，地球上的森林里就存在着类似的事实。在《树的秘密生命》一书中，作者彼得·渥雷本详细描写了森林中树木之间的社交网络。作者认为，天然森林如同一个“超生物体”，其中的树木个体随时都在发生互动与连接，而它们主要就是通过地下的真菌网络作为“连线”。

一株真菌可以在几百年的时间里生长出无数菌丝，这些菌丝能够覆盖几平方千米的土地，像一整张密实的网，将森林中的个体相互连接起来，从而形成“树联网”。不同的树木在“树联网”中的地位是不同的。不过，目前人们对“树联网”的了解还非常有限。

实际上，不仅树木与树木之间，森林中的所有不同生命体之间都存在广泛的信息通讯，以实现生存、繁殖等方面的需要。不同生命体用于连接的手段也极为丰富，声音、光线、化学物质乃至行为语言等均有涉及。

森林是个“超生物体”

第二节　时空穿梭林之变

森林并非静态不变的存在，而是随着时空的变迁不断演替变化。

在漫长的地球地质史上，曾经存在过形形色色的史前森林，它们与今天的森林迥然不同，但都已消失不见，我们现在仅能通过幸存下来的化石推测其过去的模样。此外，自人类诞生之后，许多原始林开始受到人类活动的影响而成为次生林。

从空间上看，世界各地的森林也各不相同，这种不同与纬度、经度以及海拔等因素有着显著的关系，纬度地带性、经度地带性和垂直地带性也成了认识森林的主要地带性规律。

昔日莽林今煤炭

地球上的森林是怎么产生的呢？要回答这个问题，需要回顾一下地球46 亿年的生物进化史。

38 亿年前，地球上尚无生命；25 亿年前，在无垠的原始海洋中，细菌和蓝藻等原始生命开始繁荣起来，并持续了 10 亿年，其中部分微生物通过光合作用产生氧气，从而逐渐改变了地球的大气成分。这时离森林的出现还很遥远。

在大约 4 亿年前的泥盆纪，地球上最早的“微观森林”开始出现——它们身形矮小，只有几厘米高，最初的组成种类是最早登上陆地的苔藓植物的祖先们，随后出现的是裸蕨类植物。这时候的“微观森林”还很不起眼，分布也十分局限。

在 3.8 亿年前的泥盆纪，裸子植物开始出现，随后其队伍迅速壮大，在恐龙生活的中生代时期几乎占领了地球的大陆。著名的苏铁和银杏类植物，便是这一时期地球森林中的主角。而晚些时候出现的松、杉、柏类植物更是一直繁盛至今，撑起了全球森林体系的半壁江山。

石炭纪森林想象图

在3.54亿年前的石炭纪，随着地球环境变得温暖潮湿，真正的远古森林繁荣兴盛起来，并且开始大面积出现。那时的森林和现在的森林看起来完全不同，构成森林的树种主要还是裸蕨类植物。

裸蕨类植物因没有叶片而得名，它们可以长得非常高大，比如其中的一些石松类植物的高度可达40米，粗可达2米多，是真正的参天大树；另一些节蕨类植物的高度也可达30多米。之后，真正的蕨类植物也开始出现了，它们的外貌类似现代的桫椤类植物，但长得更为高大魁梧。

在1.64亿年前的中侏罗世，最早的被子植物也出现了。到了白垩纪时期，被子植物开始席卷全球，在很多地区迅速取代了裸子植物，成了全球森林体系的主角。

如上所述，在漫长的地质时期中，曾经有过无数形形色色的森林在地球上兴盛繁茂过，而如今它们大多已经消失不见。不过，有几个时期的森林虽已消失，却给人们留下了丰富的宝藏——煤炭。历史上主要的造煤期有：3.6亿至2.5亿年前的石炭纪和二叠纪，主要造煤植物是孢子植物；2.0亿至6600万年前的白垩纪和侏罗纪，主要造煤植物是裸子植物；6600万至260万年前的第四纪，主要造煤植物是被子植物。煤炭的形成需要满足多方面的条件。根据相关研究，石炭纪时地球上缺乏分解木质素的微生物，这种情况有可能是石炭纪成为重要成煤时期的重要原因之一。

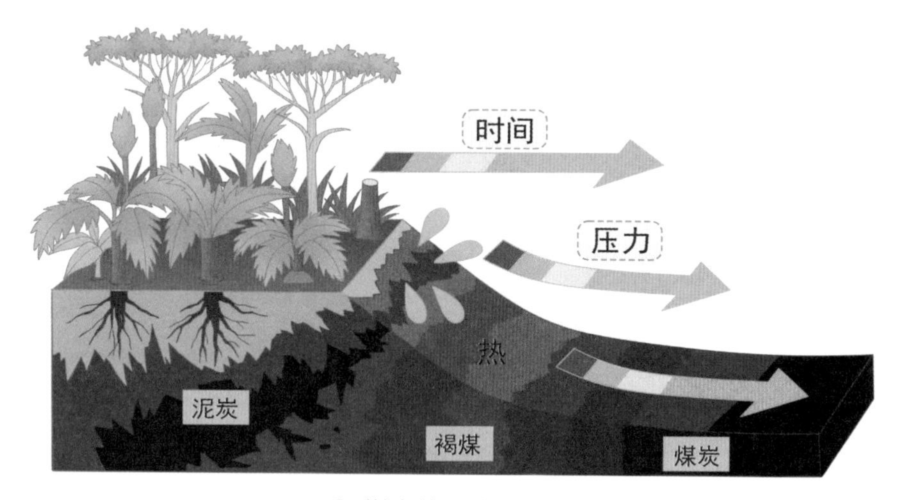

煤炭的形成示意图

原始次生皆天然

森林演替，指的便是森林从产生、发展、成熟、稳定再到衰退的过程。理论上讲，一块土地上的森林演替可能会经历从苔藓地衣、一年生草本、多年生草本、灌丛、未熟林到成熟林的过程。成熟林，通常也被称为顶极群落，森林结构由此进入稳定状态，能够维持较长时间的存在。现实中的森林演替是一个复杂的过程，并受到一系列自然因素以及外部干扰的影响，从而形成了各自独特的演替过程。

原生演替（又称初生演替），指的是空地上开始的植被演替。“空地”是指发生演替之处从未有过植物生长，或者之前虽有过植物生长但已被彻底消灭了。可见，原生演替大都发生在史前时期，现在仅能在少数特别的地方可以见到，如在海洋中新形成的岛屿上。次生演替，指的是在具有一定数量植物体的空地上进行的植被演替。这样的空地包括：火灾过后的林地或草地、完全砍伐后的森林、弃耕的农田等。原生演替形成的是原始林，次生演替形成的是次生林。

无论是原始林，还是次生林，都是通过自然演替而天然形成的，因此都被称为天然林。由于众多因素尤其是人类活动的影响，如今真正意义上的原始林已经不多了，一些人们认为的“原始林”实际上只是达到了顶极群落

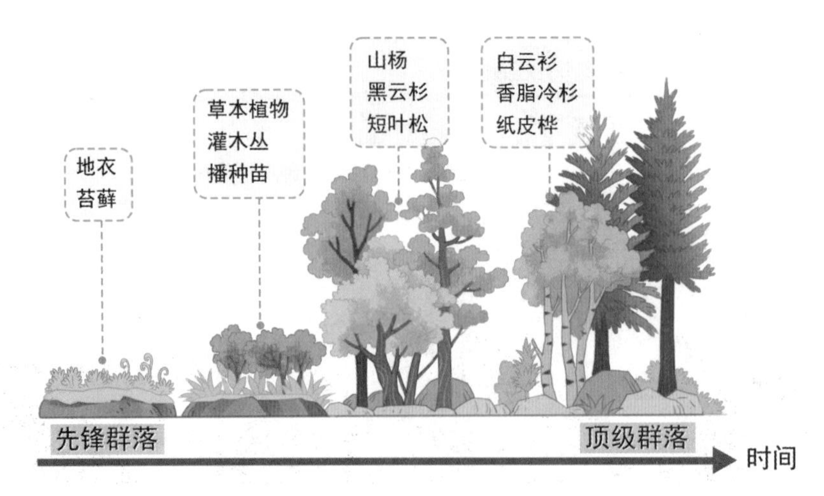

森林的原生演替

的天然次生林。而一些宣传报道还提到有“原始次生林”，实际上这是不科学的说法，混淆了原始林与次生林的定义。

在森林植被的演替过程中，人类活动的影响是巨大的。自从人类掌握了火的使用，火便成了人类改造森林的有力工具之一，并持续了极为漫长的时期。相关研究表明，正是澳洲土著对火的长期而广泛的使用，从而对澳洲的植被演替产生了深远的影响。自从进入农耕时代，世界温带地区平原上适于耕种的土地上的原始森林就开始逐渐被清空。进入工业革命以来，人类活动对森林产生破坏的能力更是越来越强，原始古老森林消失的速度也越来越快。因此，今天人们所见到的许多现存森林，实际上是在人类长期活动影响下不断次生演替出来的。

世界森林总概览

现在，世界森林总面积约为 40.6 亿公顷。世界森林大体可以分为以下五大类：

一是热带雨林，主要分布在南美洲、亚洲和非洲的热带地区。

二是亚热带常绿阔叶林，主要分布在亚洲和北美洲南部的温暖湿润地区。

三是温带落叶阔叶林，主要分布在亚洲和北美洲北部的冷凉湿润地区。

火灾过后森林的次生演替周期。如有没有森林火灾，森林会成为以云杉为主的顶级群落并堆积生物质，这时如发生火灾更为危险

四是北方针叶林，主要由云杉、冷杉组成，广泛分布在亚欧大陆北部和北美洲，在地球上构成一条壮观的针叶林带。

五是稀树疏林，主要分布在非洲，由金合欢、猴面包树等稀疏乔木组成。

当然，对世界森林植被类型的分类并不只有这一种，还有其他分类方法，我们也可以参考下面这张地图，看看图中标注了何种森林植被类型，与上文相比有哪些不同。

世界上著名的森林有智利的南洋杉森林、日本的屋久岛森林、澳大利亚的丹翠雨林、马达加斯加和南非的猴面包树森林等。然而，实际上真正苍莽、古老的森林往往人迹罕至，如南美洲的委内瑞拉、大洋洲的巴布亚新几内亚、非洲的刚果以及亚洲南部的某些地区等。

世界森林的分布具有明显的地带性规律，包括纬度地带性、经度地带性和垂直地带性。此外，影响森林分布的因素还有很多，包括各地的地质、水分、土壤以及生物等，并且还深受人类长期活动的影响。

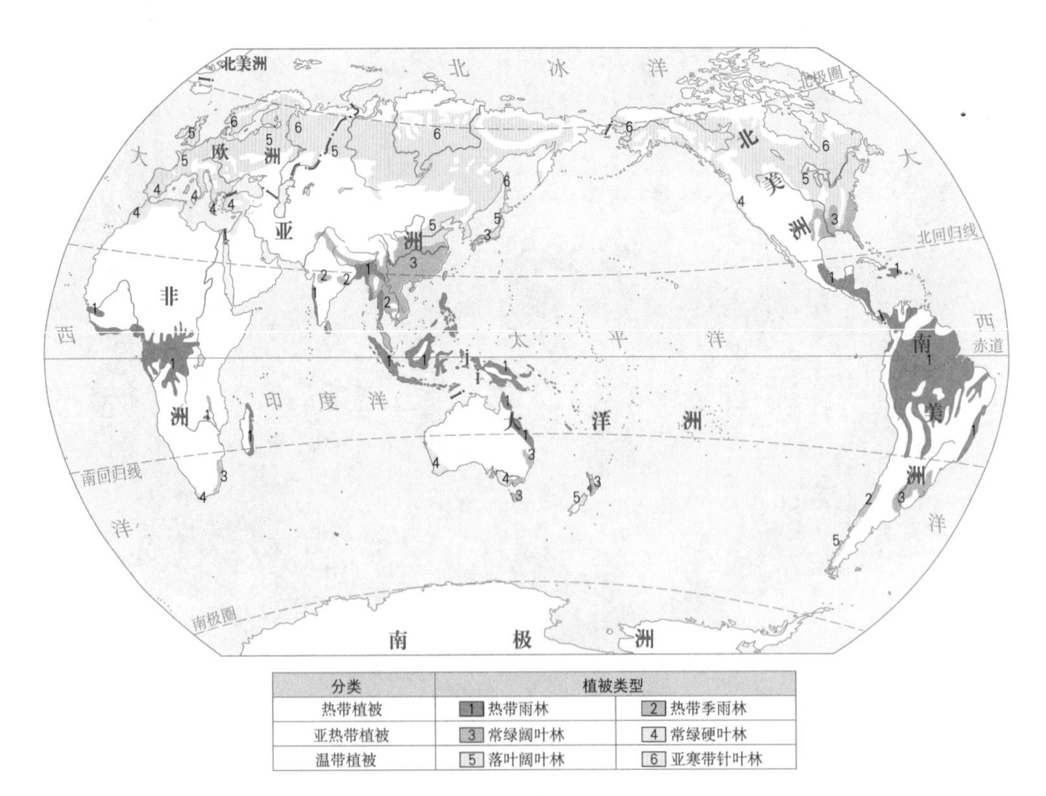

分类	植被类型	
热带植被	1 热带雨林	2 热带季雨林
亚热带植被	3 常绿阔叶林	4 常绿硬叶林
温带植被	5 落叶阔叶林	6 亚寒带针叶林

世界森林植被类型分布图

东西南北变化多

由南到北，随着纬度的变化，影响森林分布的许多重要环境因子，尤其是光照、温度以及水分也会随之发生变化。由低纬度区向高纬度区，森林类型也由热带雨林依次变成亚热带常绿阔叶林、温带落叶阔叶林、亚寒带针叶林。纬度地带性成为森林分布的最主要规律之一，也是森林植被分类最主要的依据之一。

由东到西，随着距海位置的变化，水分这一环境因子也相应发生变化。经度地带性在欧亚大陆的温带地区表现十分明显，从东部、西部的沿海湿润区，到内陆的半干旱区，再到中部的干旱区，植被类型也依次更替为落叶阔叶林带、草原带和荒漠带。而经度地带性与垂直地带性的叠加，还促进了针叶林带的产生。

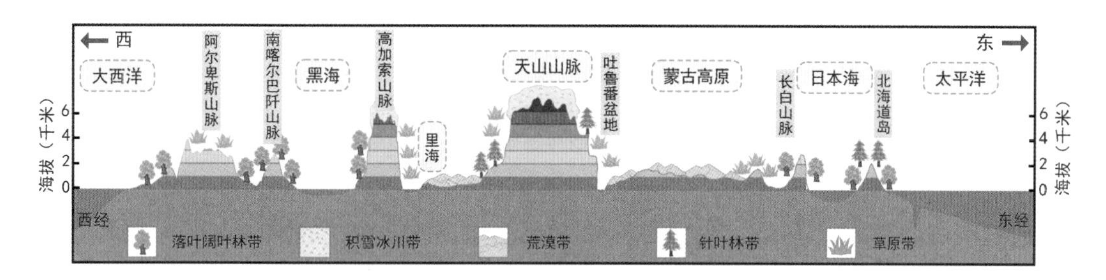

亚欧大陆自然带的经度地带性和垂直地带性示意图

垂直带谱极显著

在山地，由山麓到山顶，随着海拔的变化，不同地带的植被类型随之会发生极为显著的更替。这是随着海拔升高，气温逐渐降低，太阳辐射增强，风速增大等变化综合作用的结果。山地森林垂直带依次出现的具体顺序，称为“森林垂直带谱”。不同山地的森林垂直带谱大多各不相同，并受到山地所处的地理位置、山峰高度以及其他相关自然因素的影响。

第三节　物种共存林之玄

地球上千姿百态的森林是如何形成的呢？森林中的生物多样性是如何形成的呢？为何热带森林比温带森林的生物多样性要更加丰富？森林中形形色色的繁多物种又是如何共存的呢？

这些问题，正是许多科学家所关心的。为此，科学家们经过研究调查提出了许多相关的理论，并对许多奇妙的自然现象进行了解释。

万物共存或随机

关于群落中的物种共存机制，当前还有一个著名而时尚的理论，这便是生态学中性理论。与进化论强调竞争和适应，生态位理论强调分化不同，生态学中性理论强调的是概率和随机，认为群落中的生物个体在生态学上是相同的，即所有个体的出生、死亡、迁移等方面都是相同的，只是个随机的过程，是因为运气而获得的偶然事件罢了，而不是刻意选择的结果。相关学者还构建出了相应的模型用来解释森林群落中的多物种共存现象。不过，生态学中性理论尽管在学术界产生了很大影响，但同时也存在着较大的争议。

物竞天择适者生

“物竞天择，适者生存”生动概括了达尔文的进化论。自达尔文于1859年在《物种起源》一书中提出进化论后，生物学的研究有了一个可靠的理论指导，并逐渐形成了一个较为清晰明确的研究框架。

在进化论中，竞争、选择和适应是主要的进化力量。但是，如果仅以

·信息卡·　进化论的核心观点

一、物种是可变的，现有的物种是由过去的其他物种演变而来的，将来还可能演变成新的物种；

二、所有的生物都来自共同的祖先，这便是当今著名的“生命之树”；

三、自然选择是进化的主要机制；

四、生物进化是渐变式的，即渐变论。

上述大部分观点都被认为是科学事实，已经为大量的观察和实验所证实。

进化论

“物竞天择，适者生存”的丛林法则为主导，那么在数十亿年的残酷竞争后，应该只有少数高度适应丛林的物种能够被保留下来。但是，这明显与人们所观察到的事实，尤其是热带丛林中存在的极丰富的生物多样性是不相符的。可见，在森林群落中物种共存的背后，还存在着其他的机制。

一个萝卜一个坑

俗话说：“一个萝卜一个坑。”科学家很早就发现，在森林群落中物种共存的机制有着类似的现象，可以理解为“一类物种一个位”。这里的“位”指的是“生态位”。同类物种占据相同的生态位，有自己的生存空间；异类物种，哪怕习性相近，也不会在同一地方竞争同一生存空间。

生态位理论认为，森林群落中的物种能够共存，是因为每种生物都占据着自己的生存空间，各安其位，从而维持了生物多样性。在稳定的森林群

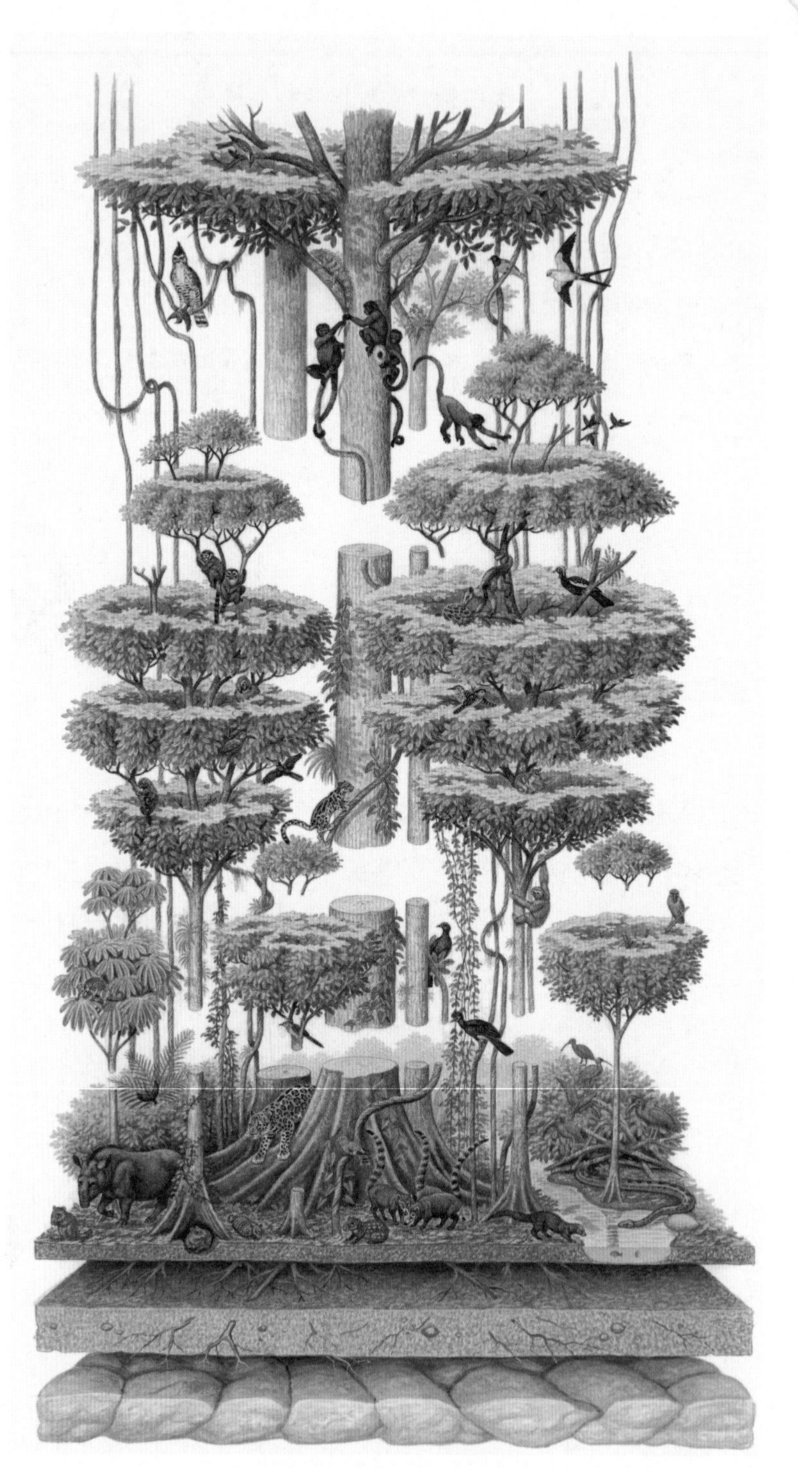

生态位理论示意图

落中，生态位的数目也是有限的，并几乎被竞争者填满了，再也没有什么位置留给后来者了，这也是稳定的森林群落中不容易产生新物种或遭受外来新物种迁入或入侵的原因。

“石头、剪刀、布”游戏

如果出现三个或者更多相近种群竞争同一个生态位，类似一个坑有多个萝卜竞争，会有什么情况发生呢？

对于这个问题，亚马孙热带雨林中的斑点蜥蜴提供了最生动的案例（篇幅限制，具体案例内容可自行查阅）。在这个案例中人们看到，三种不同类型的雄性蜥蜴之间存在着类似“石头、剪子、布”猜拳游戏的竞争策略，从而共占了一个“生态位”。

在猜拳游戏中，三者之间互有制约，没有真正的胜者。基于此，科学家利用前沿科技建成了“猜拳游戏”生物模型。通过模型演示发现，相比于“你死我活”的竞争模式，“猜拳游戏”的竞争模式在总体上一直呈现多物种共存的平衡。事实上，如果一个“生态位”靠强者生存、弱者消失的方式竞争，也就是“一山不容二虎”，那么最终只能有一个物种存活下来；而“猜拳游戏”则能使更多类型相近的生物种类共处一个“生态位”。此外，模型还发现，“猜拳游戏”并不是无休止进行下去的，而是有一定的周期性，当一些地区的生物在“猜拳游戏”结束后，平衡被打破，有些物种会灭绝，而新的物种也开始产生。

相互制约的石头、剪子、布

各展绝活求生存

森林作为陆地上最复杂的生态系统之一，生活在其中的任何一种生物，从出生、成长再到繁殖下一代的过程中都充满了各种挑战。为了在森林中求得生存，许多生物都进化出了各自的独特本领与绝活。

为了生存，森林中的植物、菌物以及动物，三者中的任意两者之间常发展出相互依存、共同合作的紧密关系，这便是“共生”现象。在共生关系中，一方为另一方提供有利于生存的资源，同时也获得对方的资源；如果共生生物分开，双方或其中一方就无法生存。

许多豆科植物常见的根瘤，有着“地下氮肥厂”的美誉，这便是一种常见的植物与菌类之间的共生关系；牙签鸟站在鳄鱼张开的大嘴里，并不担心鳄鱼一口吞了它，因为鳄鱼知道它在帮助自己清洁口腔，这是一种典型的动物之间的共生关系；森林中的白蚁在地下的巢穴中建立菌圃并细心培育鸡枞菌，以获得地上生长的小白球菌丝体作为食物，这是一种典型的昆虫与菌物之间的共生关系。

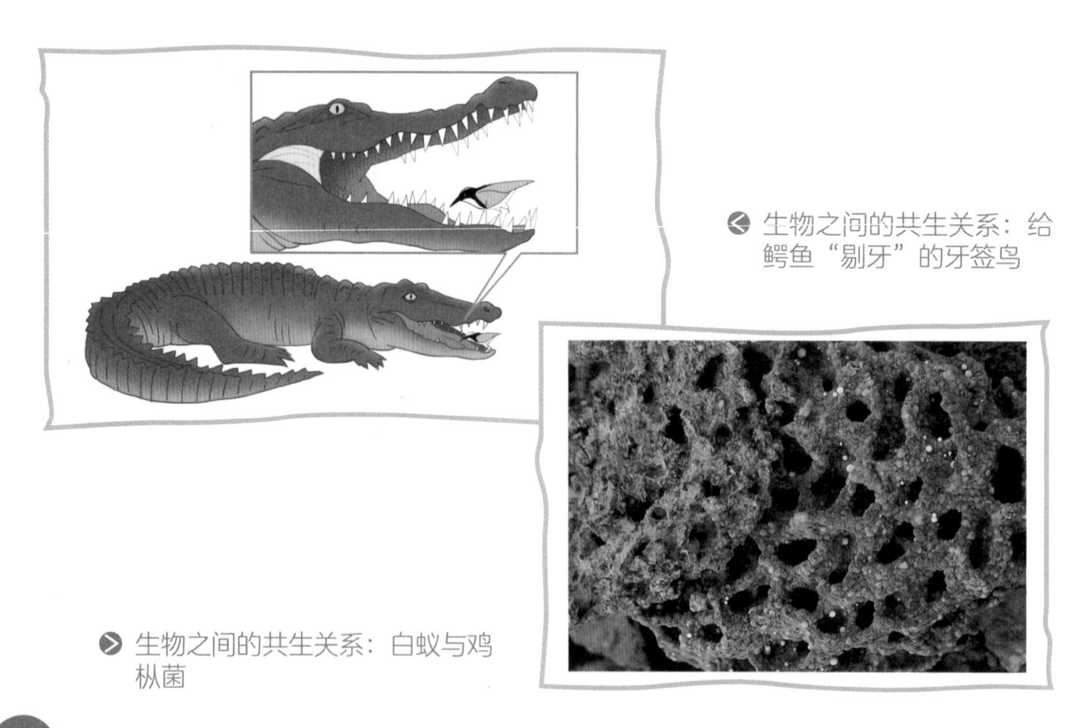

生物之间的共生关系：给鳄鱼“剔牙”的牙签鸟

生物之间的共生关系：白蚁与鸡枞菌

而有些物种之间的关系，看起来就没有这么美好了。在热带森林中，一些榕属植物的果实被鸟类取食后，种子可能被排泄到其他树木的树干上。条件适宜时，这些种子会生根发芽，枝叶往上长，气生根往下长，最终变成支柱根并形成网状包裹住被依附者。当榕属植物最终成长为大树时，原先的被依附者的生存空间被完全占据，最终被“绞杀”，死亡腐烂后仅留下一个空洞——这就是“绞杀现象”。

西双版纳丛林中的树木绞杀现象

被绞杀树木死亡后留下一个空洞

热带森林中还普遍存在着寄生植物和附生植物。这两类植物在外貌上看起来有些类似，但实际上有很大的差别。在寄生关系中，寄生植物直接从宿主身上获取全部或部分营养，二者之间存在紧密的联系。而在附生关系中，被附生者仅是为附生植物提供一个生存的空间和环境，甚至被附生者可以是一株死树。有些寄生植物，比如大花草科植物，由于完全过着不劳而获的生活，不需要进行光合作用，也就不需要绿色的枝叶，把从宿主处获得的大部分营养都投入到了繁殖器官，从而开出了令人赞叹的奇妙花朵。

西双版纳丛林中的寄生花

兰花螳螂

此外，一些动物为了在丛林中生存，还进化出了令人惊奇的拟态和伪装的本领，以便躲避天敌抑或伏击猎物。例如西双版纳丛林中的兰花螳螂，外表如同一朵盛开的鲜花，看似粉嫩娇弱，实则它和赫赫有名的食肉昆虫中华大刀螂是“一家人”。

繁殖传播多策略

传粉，指的是将成熟花粉从雄蕊运送到雌蕊柱头上的过程。传粉对被子植物的繁殖意义重大，并且要求十分严格，否则会导致传粉失败而无效。而对于种子传播来说，原则上是传播得越远越好，借此让后代获得更大的生存空间。

植物为了繁殖下一代并扩大分布范围，对于传粉和种子传播也就有了迫切的需求。为此，不同植物演化出了不同的策略机制来应对需求，这些策略机制反过来又对植物繁殖器官的多样性产生深刻影响，如兰科植物的花朵、豆科植物的果实以及卫矛科植物的种子等。

对于传粉来说，昆虫无疑是最理想的帮手。昆虫种类繁多，分布广泛，而且大多昆虫天生爱访花，许多植物与昆虫之间也就传粉事宜产生了默契——有的植物偏爱蜜蜂，有的植物偏爱甲虫，有的植物偏爱蛾子，有的植物只认唯一虫子来帮忙传粉，有的植物却来者不拒。

要是没有昆虫怎么办？也不要紧，鸟类（尤其是蜂鸟）、蝙蝠甚至蜥蜴也都可以来帮忙。还有些植物则采取更简单的策略，通过风和水进行传粉。

对于种子传播来说，风力则是最为便利可用的力量。为此，许多植物的果实或种子进化出各式“装备”以便乘风“飞翔”，如龙脑香科植物的“翅膀”和蒲公英的“降落伞”等。生长在水边的植物则打起了利用水流的主意，通过漂浮在水面经由溪流甚至洋流传播到远方，如生长在海边的椰子。有些植物则自力更生，开发出弹射、爆裂等能力，将种子“发射”出去，如凤仙花的蒴果以及喷瓜的果实。还有一类植物看上了鸟类等动物的运动能力，找到了“搭便车”的办法，其中最主要的一招便是生长出好吃或好看的果实或种子，以便吸引动物来取食并把种子带走。还有一招是生长出钩刺等“机关”，以便挂在动物皮毛上“旅行”到远方。

蒲公英

椰子

探索与实践

实践活动：调查一片森林

以小组为单位调查一小片森林的植被。

需要的工具：测高器、皮尺（测绳）、钢卷尺、记录用表、GPS、望远镜、照相机、植物标本夹、标签、枝剪、手铲、小刀、地形图、植物图鉴等。

步骤：设计路线、设置样方、开展调查、记录数据、统计并分析结果。

第三章 神州蔚然林天成

“蔚然成林”形容树木或事物发展良好，这个成语正适合形容中国林业的发展现状。近年来，中国不仅创造了举世瞩目的经济奇迹，成为世界经济增速最快的国家，同时也创造了令人称奇的绿色奇迹。中国的森林面积在世界上增长最多、人工林面积居世界首位、林业产业在世界上发展最快……中国在践行“人与自然和谐共生”发展理念的道路上不断前行。绿色，正成为“美丽中国”最鲜亮的底色。

《中国森林资源报告 2014-2018》中写道，中国幅员辽阔，地形复杂多样，疆域南北跨度大以及西高东低的地势走向造就了中国丰富多样的气候类型和自然地理环境，从而孕育了生物种类繁多、植被类型多样的森林资源。

第一节　九州自成林之格

要了解一个地区的森林资源状况，我们需要做深入的调查。迄今为止，中国已经进行了 9 次全国范围的森林资源清查工作，许多相关的调查成果可以在《中国森林资源报告 2014-2018》一书中找到。那么，在最新的调查结果中，中国森林在面积、绿化率、树种、树高、蓄积量等重要指标方面是怎样的情况呢?

中国森林有多大

衡量森林大小的指标是森林面积，这也是衡量一个国家或地区森林资源状况的重要指标之一。

在技术不发达的年代，需要通过无数林业勘察者在林区不辞辛苦地翻山越岭、披荆斩棘进行现场实地测量，才能获得相关数据。而今天，在卫星遥感技术等高科技的帮助下，人们能够更轻松地获取到更准确的森林勘察数据。

根据《中国森林资源报告 2014—2018》中的调查结果，中国森林总面积约 2.2 亿公顷。从全球范围来看，中国森林面积位居世界第 5 位，排在俄罗斯、巴西、加拿大、美国之后。尽管中国森林面积总量位居世界前列，但中国人均占有量少，人均森林面积仅为 0.16 公顷，不足世界人均森林面积的 1/3。

从省区分布看，森林面积最大的是内蒙古自治区，有 2614.85 万公顷；其次，云南省的森林面积有 2106.16 万公顷；内蒙古、云南、黑龙江、四川、西藏、广西的森林面积加起来有 11471.88 万公顷，达全国森林总面积的近一半之多。

大兴安岭的景色

各省级行政区森林面积

分级（单位：万公顷）	省级行政区数量	森林面积（单位：万公顷）
⩾ 2000	2	内蒙古 2614.85、云南 2106.16
1000～2000	6	黑龙江 1990.46、四川 1839.77、西藏 1490.99、广西 1429.65、湖南 1052.58、江西 1021.02
500～1000	11	广东 945.98、陕西 886.84、福建 811.58、新疆 802.23、吉林 784.87、贵州 771.03、湖北 736.27、浙江 604.99、辽宁 571.83、甘肃 509.73、河北 502.69
100～500	8	青海 419.75、河南 403.18、安徽 395.85、重庆 354.97、山西 321.09、山东 266.51、海南 194.49、江苏 155.99
<100	4	北京 71.82、宁夏 65.60、天津 13.64、上海 8.90

注：香港、澳门、台湾资料暂缺

此外，林业上还有林地的概念。林地包含了乔木林地、竹林地、灌木林地、疏林地、未成林造林地、苗圃地、迹地和宜林地，因此林地面积大于森林面积。中国林地总面积达 32368.55 万公顷，其中乔木林地占比最大，而灌木林地和宜林地的占比也不少。

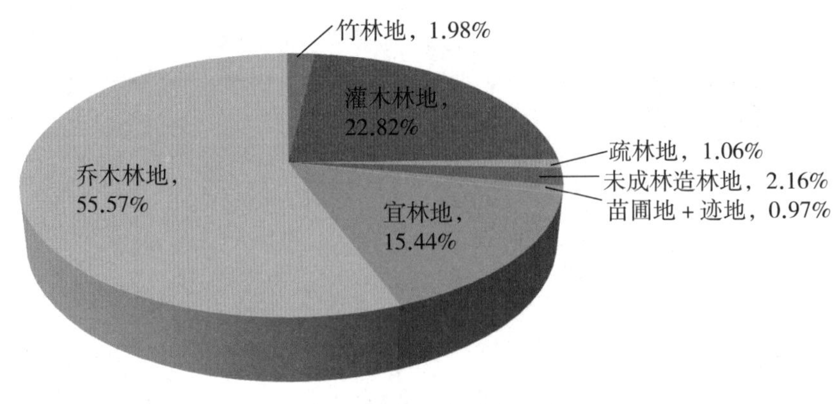

全国林地各地类面积构成

目前，中国森林总覆盖率为 22.96%，然而各个地区的覆盖率差别是很大的。森林覆盖率与当地的气候条件、地理环境、历史变迁以及人类活动等因素均有关系。

森林覆盖率最高的省份是福建，达到了 66.80%。而地处福建中部的三明市的森林覆盖率高达 78.73%，被誉为“中国绿都”。如果再聚焦于更小的地理范围，如福建的武夷山国家森林公园，其森林覆盖率高达 96.72%，曾被评价为“最具完整性的生命绿洲”。

各省级行政区森林覆盖率

分级（单位：万公顷）	省级行政区数量	森林覆盖率（单位：百分比）
≥ 60	4	福建 66.80、江西 61.16. 台湾 60.71，广西 60.17
50 ~ 60	4	浙江 59.43、海南 57.36、云南 55.04、广东 53.52
40 ~ 50	7	湖南 49.69、黑龙江 43.78、北京 43.77、贵州 43.77、重庆 43.11、陕西 43.06、吉林 41.49
30 ~ 40	4	湖北 39.61、辽宁 39.24、四川 38.03、澳门 30.00
20 ~ 30	6	安徽 28.65、河北 26.78、香港 25.05、河南 24.14、内蒙古 22.10、山西 20.50
10 ~ 20	7	山东 17.51、江苏 15.20、上海 14.04、宁夏 12.63、西藏 12.14、天津 12.07、甘肃 11.33
<10	2	青海 5.82、新疆 4.87

对比历次的全国森林资源清查结果，可以发现我国的森林覆盖率基本呈现逐渐上升的态势。

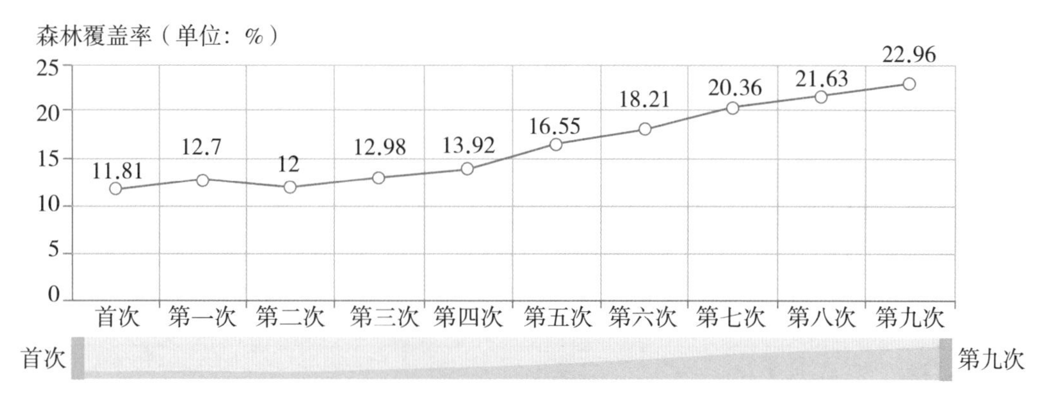

全国森林覆盖率变化

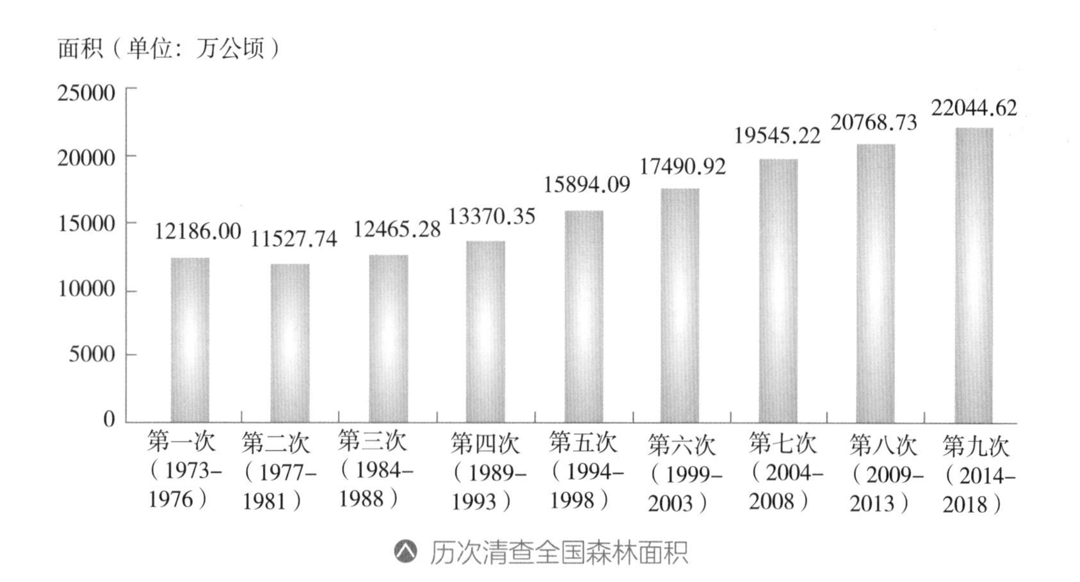

历次清查全国森林面积

中国树木知多少

树木是森林生态系统最重要的组成部分。没有树木，就没有森林；有了树木的多样性，才有了森林类型的多样性。那么，中国树木有多少种呢？数据显示，中国共有木本植物 9000 多种，其中 5000 多种为乔木。但是，大量的树种实际上并不单独形成森林，而是局限在局部地区，并与其他树木一起共同组成混交林。而只有少数树种，具有个体数量多、分布广、个头大的优势，才成为森林的主角。在中国 1892.43 亿株乔木株数中，重要值位居前 100 位乔木树种的株数合计就有 1468.51 亿株，占比达到了 77.60%，而剩下的数千种乔木的株数总计占比仅为 22.40%。

100 个重要森林乔木树种（数据引自《中国森林资源报告 2014—2018》）

序号	树种名称	序号	树种名称	序号	树种名称	序号	树种名称	序号	树种名称
1	杉木	21	麻栎	41	柳杉	61	黄波罗	81	山荆子
2	白桦	22	丝栗栲	42	巨尾桉	62	暴马丁香	82	冬青
3	马尾松	23	旱冬瓜	43	高山松	63	板栗	83	高山栲
4	落叶松	24	香樟	44	长白落叶松	64	水青冈	84	山合欢
5	蒙古栎	25	白栎	45	枫桦	65	侧柏	85	黄毛青冈
6	杨树	26	榆树	46	橡胶	66	鹅掌柴	86	西南花楸
7	山杨	27	刺槐	47	糠椴	67	青楷槭	87	南酸枣
8	云南松	28	栓皮栎	48	苦槠	68	花曲柳	88	鱼鳞云杉
9	木荷	29	华山松	49	拟赤杨	69	尖齿槲栎	89	山乌桕
10	黑桦	30	化香	50	川西云杉	70	檫木	90	红桦
11	柏木	31	槲树	51	思茅松	71	细叶青冈	91	朝鲜槐
12	青冈	32	湿地松	52	杨梅	72	苦楝	92	花楷槭
13	辽东栎	33	胡桃楸	53	油桐	73	米槠	93	黄背栎
14	油松	34	高山栎	54	红锥	74	合欢	94	小叶青冈
15	五角枫	35	石栎	55	红木荷	75	滇青冈	95	椴树
16	枫香	36	槲栎	56	樱桃	76	急尖长苞冷杉	96	柿
17	云杉	37	红松	57	黄檀	77	甜槠	97	赤杨
18	紫椴	38	盐肤木	58	光皮桦	78	春榆	98	楠木
19	冷杉	39	漆树	59	臭冷杉	79	滇油杉	99	杜鹃
20	尾叶桉	40	水曲柳	60	樟子松	80	裂叶榆	100	泡桐

（注：其中所列树种名称为林地调查中所用名称，个别名称与植物分类学上的植物种类并不等同，但为遵从原文，未加改动。）

树高也是衡量森林状况的重要指标之一。为此，林业上专门有一门学科——测树学，还有测量树高的专业仪器。

中国森林树木整体上不高，平均树高仅为 10.5 米。平均树高在 5.0 ~ 15.0 米的乔木林占比高达 68.79%，平均树高在 15.0 ~ 20.0 米的乔木林占比为 14.73%，而平均树高大于 20.0 米的乔木林占比仅为 4.31%。

中国最高的树在哪里，又有多高呢？

2023 年 5 月，由北京大学牵头的联合调查队使用激光雷达技术在波密县通麦发现了一棵高达 102.3 米的西藏柏木，刷新了亚洲最高树纪录。科考队员介绍，经现场采集进行形态与文献对比，这棵西藏柏木被鉴定为藏南柏木，其历史高度（包含主干枯枝）为 102.3 米，相当于 36 层楼高。活体高度（从树干基部至存活枝顶部）为 101.2 米；按目前已有的高树测量记载，即使按其活体高度进行比较，它也依然是全球第二高、亚洲最高树。

中国最矮的树木又是什么呢？答案是柳属垫柳组的一些种类，如西藏高海拔地区产的毛小叶垫柳，植株匍匐于地面呈垫状，高度仅数厘米。

目前已知亚洲最高树——藏南柏木 1 号树

中国最矮树：毛小叶垫柳

树干奥秘知几何

要了解森林，自然也离不开探究树干的奥秘。

树干在林业上最受关注的一个重要指标是胸径（干径），即树干在人胸口处高度（或地面以上 1.3 米高处）的直径。这个指标直接反映的是树干的粗细，间接也反映了树木的年龄。中国森林中的树木的平均胸径仅为 13.4 厘米，其中小乔木（胸径 6 ~ 12 厘米）占比 72.19%，中乔木（胸径 14 ~ 24 厘米）占比 23.11%，大乔木（胸径 26 ~ 36 厘米）占比 3.68%，特大乔木（胸径 38 厘米以上）占比仅为 1.02%。

可见，中国树木中大乔木和特大乔木并不多，需要人们珍惜爱护，尤其是那些还承载了历史文化的古树名木。中国目前已知的最粗的树是西藏巨柏王，其树干直径达到了 6 米，树龄也在千年以上。

树干的大小通常用材积（木材体积）来衡量，而森林中所有树干的材积大小总和被称为森林蓄积。材积和蓄积大小可以在林木的树高、胸径和株数的基础上，通过数学公式计算而得到。森林蓄积也是衡量森林生态和经济

中国最粗树：西藏巨柏王

价值的重要指标之一。

树干的另一个神奇奥秘是年轮。一些科学家乐此不疲，甚至将其发展成一门学科，即年轮学。

简单来说，温带和寒温带地区的树木一年只有一个生长期，反映在木材层上就是长一圈，故称“年轮”，通过数年轮可以大致判断树木的年龄。但是热带和亚热带地区的树木，一年可能长好多轮，或者不形成显著的圈层区别，严格地说只能称之为“生长轮”了。

由于树木的各个年轮是受当年独特的生态条件影响而形成的，相当于对生态条件做了记录并保留下来。因此，科学家可以通过对不同年代树木年轮的研究和比较，再结合其他因素进行综合分析，从而反推出当时的生态条件。而利用不同年代的树木年轮，科学家甚至可以构建出一个地区长达上千年的气候变化情况，以及当地森林的兴衰成败历史。

树木的年轮

除了年轮，树干还有复杂的结构。

人们一般将树干分为五层，包括树皮、韧皮部、形成层、边材和心材。不同树木的树干结构各不相同，千变万化，这也是树木鉴别的重要特征依据之一。而木材作为最重要的林木资源，对于木材的研究更是自古已有，形成了专门的木材学科。

除了前面探讨过的面积、覆盖率、树种、树高以及树干方面，森林还有无穷无尽的科学奥秘，等待着人们去探索！

别致的青榨槭树皮

第二节　千姿百态林之魅

中国地域辽阔，生态环境复杂，由此造就了丰富多样的森林样貌，如庄严肃穆的针叶林、四季变换的落叶林、富饶多姿的常绿林、苍莽神秘的热带林以及低矮茂密的灌木林等。它们各自散发着别样的魅力，令人神往。

庄严肃穆针叶林

顾名思义，针叶林就是以针叶树为建群种的森林。

针叶树大多具有细长如针或细小如鳞片状的叶子。许多针叶树属于长寿树种，成年大树挺拔高耸，树冠常呈塔形，给人以庄严肃穆的观感。

针叶树大多是常绿树种，仅有落叶松、金钱松等少数种类为落叶树种。中国的针叶林面积总计占全国森林总面积的 28.05%，其中针叶纯林面积 5187.84 万公顷，针叶混交林 694.18 万公顷，针阔混交林面积 1420.59 万公顷。

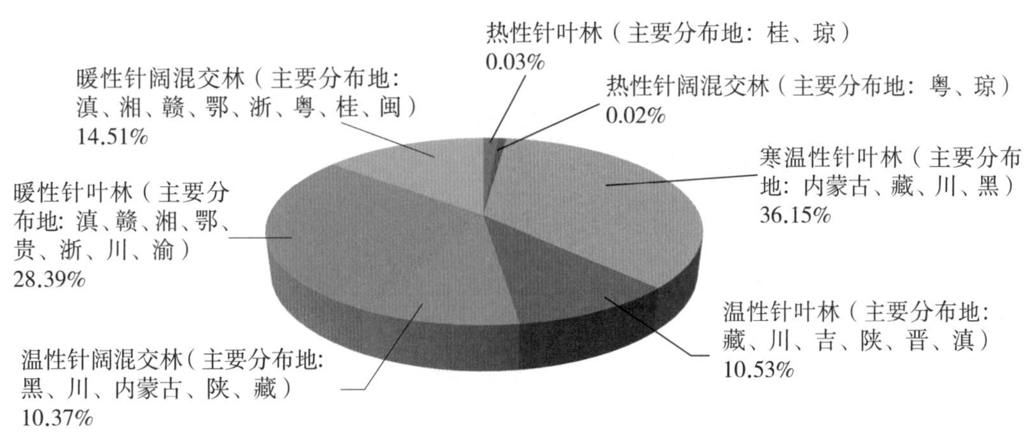

中国针叶林植被型组各植被型面积分布占比图

在中国所有森林类型中，杉木林的分布面积是最大的，达到了 1138.66 万公顷，广泛分布于长江流域、秦岭以南的广大地区。杉木林大多是人工林，树种单一，常形成密集整齐的大片纯林，林下灌木和草本种类稀少，生物多样性不丰富。但是杉木林生长快，木材好，从而成了中国最重要的速生用材林。

杉木林

杉木枝条

落叶松林常被称为“明亮针叶林”，存在显著的季相变化。春季时，光秃的枝条上会长出翠绿的嫩叶和幼嫩的球果；秋季时，针叶会变成黄色然后脱落。落叶松林大多也是单一树种的纯林，但林下灌木和草本层相对发达。落叶松林实际上还可以再细分为多种种类，其中兴安落叶松林主要分布在大兴安岭地区，华北落叶松林分布在华北，红杉林主要分布于青海和西藏等地。

兴安落叶松林以及春季的幼嫩球果

云杉林和冷杉林，也被称为暗针叶林。这两者在外貌上很相似，主要区别在于云杉球果下垂，冷杉球果直立。云杉林和冷杉林主要分布在中国的西北和西南的高海拔山地，这类森林的部分地区至今仍是未受人类干扰的原始林，结构整齐，一些树上还常挂满松萝，给人一种古老神秘的观感。

川、滇冷杉林，树上的松萝以及球果

川西云杉林以及球果

西藏云杉林以及球果

吉林省长白山鱼鳞云杉林在冬季形成雾凇奇观

松树林是针叶林的庞大家族。全世界约有 110 种松属植物，其中中国原产 23 种，引进栽培 16 种。大多数松树种类都成为其分布地森林中的重要建群树种，形成带有各自地理标志的多样化松树林，如东北地区的红松林、华北地区的油松林，内蒙古沙地上的樟子松林，华东沿海地区的黑松林、长叶松林、火炬松林，华南地区的马尾松林、加勒比松林，以及西南地区的高山松林、乔松林、不丹松林、西藏长叶松林等。

此外，重要的针叶林还有侧柏林、干香柏林、云南铁杉林、红豆杉林等。

吉林省长白山的红松林

西藏自治区吉隆县的西藏长叶松林

云南省香格里拉市的云南松林

北京市丘陵地区的人工侧柏林

云南省石林彝族自治县的干香柏林

四季变换落叶林

本书的落叶林指的是落叶阔叶林。落叶阔叶林的一大显著特点在于其具有显著的季相变化。春季时，落叶林从冬季的沉寂中逐渐苏醒过来，在光秃的树枝还没有长出嫩叶之前，林下的一些花草已经迫不及待地开出艳丽的花朵；夏季时，森林逐渐变得郁郁葱葱，万物疯长；秋季时，森林的树叶开始变色，有的红、有的黄，缤纷的彩色秋叶成了森林中的一道美景；冬季时，森林褪去繁华，重归寂静，等待着又一年的春季到来。

早春东北地区林下的牡丹草花海

夏季山西省中条山郁郁葱葱的杂木林

秋季长白山树叶变色的落叶林

落叶阔叶林广泛分布于寒温带和温带地区，在亚热带和热带的高海拔地带也常有分布。中国落叶阔叶林总面积达 5052.72 万公顷，面积仅次于针叶林。这种植被类型广泛分布于从北到南的广大地域，从山地、平原、湿地、沙地甚至是荒漠。组成落叶阔叶林的树种十分丰富，包括杨树、柳树、榆树、桦木、栎树、椴树、槭树等。这些树种既可组成单一的纯林，也常由多个树种共同组成混交林。

塔里木盆地的胡杨林

内蒙古赤峰沙地中的榆树林，有着类似非洲热带稀树草原的景观

北京市喇叭沟门的白桦林

北京市百花山的蒙古栎林与蒙古栎果实

东北紫椴林及紫椴带果实的枝条，心形的叶子和舌状的苞片是椴属植物的主要识别特点

富饶多姿常绿林

本书的常绿林指的是常绿阔叶林，包括典型的常绿阔叶林、常绿落叶阔叶混交林以及硬叶常绿阔叶林。常绿林的重要特点之一是其组成树种大多是常绿树种，具有质硬、革质、冬季不落的暗绿色叶片。常绿林终年生长，夏季尤其旺盛，尽管也存在季相变化，但从外貌上看变化不显著，给人留下四季常青的印象。

云南省屏边苗族自治县大围山水围城的山地常绿阔叶林

台湾省恒春半岛南仁山的低山常绿阔叶林

海南省尖峰岭的常绿阔叶林

西藏自治区林芝市的川滇高山栎林

常绿林主要分布在亚热带地区，以及热带山地中海拔地区。中国常绿林面积达 2570.84 万公顷，占全国森林总面积的 11.66%，主要分布于长江以南的山地或丘陵地区，并成为当地主要的森林类型。

虽然常绿林外貌看起来都是绿油油的，差别不大，但实际上其内部结构极为复杂，并且不同地区的常绿林类型也极为多变。天然的常绿林基本都是混交林，很少有纯林。不仅乔木层、灌木层和草本层植物种类繁多，而且攀缘植物、附生植物以及寄生植物等在林间层也时常出现，其生物多样性丰富度仅次于热带林。

在众多组成常绿林的树种中，壳斗科和樟科植物是其中最重要的两类。因此，这类常绿林通常也被称为“常绿栎类林”或“常绿樟栲林”。

说到壳斗科植物大家可能很陌生，但这类植物都拥有一种特殊的果实，俗称“橡子”或“栎子”，它是由总苞发育而来的“壳斗”和壳斗所包围的坚果共同组成的。实际上，壳斗的形态是丰富多变的，壳斗科植物根据壳斗的不同形态而被分为不同的属，包括水青冈属、青冈属、柯属、锥属、栎属等。全球有近 1000 种壳斗科植物，中国也有近 300 种，其中有许多种类都是森林的重要建群树种。

相比于壳斗科植物，樟科植物的种类更为繁多，全球约有 45 属 2000 多种，中国则有 23 属约 445 种，其中许多种类是热带亚热带山地常绿林的主要组成部分。樟科植物的显著特征是植物体通常含有油脂，并具有特殊的气味，大家所熟悉的樟脑丸便是从樟树中提取出来的。

橡子

樟科植物中还有一类植物被称为楠木，是优质的木材树种，尤其是桢楠大树所产的木材，被中国古代帝王所专用，被称为“金丝楠木”。如今，在中国南方，许多樟科植物，如阴香、樟树、天竺桂等，也广泛被用作城市行道树。

樟树

苍莽神秘热带林

严格地说，“热带林”或“热带森林”在学术上并不是一个具体的森林植被类型，而是泛指热带区域的森林，包括非典型性热带雨林、热带季雨林、热带山地雨林、热带山顶苔藓矮林（热带云雾林）以及热带针叶林等多种森林类型。

云南省西双版纳市的非典型性热带雨林——望天树林

西藏自治区墨脱背崩乡河谷边的非典型热带雨林与千果榄仁

海南省陵水黎族自治县吊罗山的热带山地雨林，其中生长着棕榈科植物（高处那一株）

为什么说在中国分布的“热带雨林”，实际上是“非典型性热带雨林”呢？首先，从狭义的学术定义来看，“典型的热带雨林”是生长于赤道附近的热带地区的一种森林植被类型。这里所说的“赤道附近的热带地区”，严

马来西亚大汉山国家森林公园的热带雨林

马来西亚沙捞越红毛猩猩公园，龙脑香科大树高处树冠上生长的多种附生植物（马来鹿角蕨、蚁蕨属以及兰科植物），宛如空中花园

格意义上指的是介于北纬 10° 和南纬 10° 之间的赤道地区。分布在这一地区的典型热带雨林无季节变化，且不受季风影响。然而，除了南海岛屿外，中国的其他区域陆地均超出了这个范围，并且受到季风的影响。因此，中国实际上不存在典型的热带雨林。

尽管中国的非典型性热带雨林与赤道的热带雨林不同，但也有一些相似的特征，如普遍存在的老茎生花现象、附生现象、板根现象和绞杀现象；森林层次结构复杂，林间常有发达的藤蔓植物；树种极为丰富，并且存在亚洲热带雨林的表征植物——龙脑香科树种（如望天树、东京龙脑香、青梅和坡垒）等。

中国的非典型性热带雨林和热带季雨林仅分布于海南、云南、广东、广西、台湾以及西藏等地，面积非常狭小，仅有 80.36 万公顷，占全国森林总面积的 0.36%。其中，非典型性热带雨林分布尤其狭窄，仅在低海拔沟谷等局部湿润环境中呈小片或带状分布，一年中常有一个短暂而集中的换叶期，表现出一定程度的季相变化。

海南省鹦哥岭国家级自然保护区大果榕的老茎生花现象，榕果上黑色的昆虫是榕小蜂，与榕树形成互利共生关系

云南省西双版纳市热带植物园中四数木生长有发达的板根

东京龙脑香的果实，具有 2 个显著的“大翅膀”，可以帮助种子传播扩散

低矮茂密灌木林

灌木林的形态通常低矮茂密，建群树种无明显主干，因此更准确的称呼应为“灌丛植被”，是与乔木林相并列的一类植被类型。灌木林平均高度相对较低，约为 1.5 米。

灌木林分布极为广泛，全国灌木林面积达 7384.96 万公顷，其中特灌林 5515.30 万公顷，一般灌木林 1869.66 万公顷。从分布来看，内蒙古、四川、西藏、新疆、云南、青海和甘肃这七个省级行政区的灌木林面积较大，加起来可达 4459.32 万公顷，占全国灌木林面积的 60.38%。

各省级行政区的灌木林面积

分级（单位：万公顷）	各省级行政区个数	灌木林面积（单位：万公顷）
≥ 500	4	内蒙古 896.20、四川 879.33、西藏 855.26、新疆 593.06
200 ~ 500	8	云南 437.60、青海 423.43、甘肃 374.44、广西 352.65、陕西 283.70、河北 249.41、山西 224.70、湖南 213.96
100 ~ 200	8	贵州 192.66、辽宁 181.68、湖北 162.55、广东 141.01、山东 125.92、江西 122.89、重庆 122.60、浙江 103.14
50 ~ 100	4	河南 96.97、福建 96.96、安徽 65.43、宁夏 50.90
<50	7	北京 36.95、江苏 28.49、黑龙江 26.41、海南 21.94、吉林 17.74、天津 4.76、上海 2.22

注：香港、澳门、台湾资料暂缺

灌丛植被分为常绿针叶灌丛、常绿革叶灌丛、落叶阔叶灌丛和常绿阔叶灌丛四种类型。落叶阔叶灌丛面积最大，达到 732.17 万公顷。常绿针叶灌丛仅分布在森林线以上高海拔山地，其建群树种以低矮的柏属种类为主，尤其是叉子圆柏、高山柏或香柏等。

西藏自治区定结县高海拔山坡上的以香柏为主的常绿针叶灌丛

常绿革叶灌丛主要分布在热带和亚热带地区的高海拔山地，其建群树种主要以杜鹃花属中的高山杜鹃亚组种类为主。说到杜鹃花，这可是中国著名的三大高山花卉之一，另外两个是报春花和龙胆。

尽管大多数杜鹃花属植物为低矮的灌木，但也有一些种类可以长成高达 20 多米的大乔木，如“网红”植物马缨杜鹃（贵州省百里杜鹃风景名胜区的主要代表树种）以及赫赫有名的大树杜鹃。

春天，贵州省毕节市百里杜鹃景区的杜鹃林

落叶阔叶灌丛的分布范围最为广泛，无论是温带还是热带，从平原到高山，从沟谷到荒漠，均成片出现。其中最为重要的种类有柳属、锦鸡儿属、牡荆属、柽柳属、箭竹属以及山茶科植物等。

常绿阔叶灌丛，主要分布在热带、亚热带的低山与石灰岩山地，其植物种类成分极为复杂，并且还有不少独特的植被类型。大家可能对著名歌曲《外婆的澎湖湾》并不陌生，其中有一句歌词描绘了“阳光、沙滩、海浪、仙人掌”的景象。然而，仙人掌原产地是美洲热带地区，理论上台湾省的澎湖湾应该没有仙人掌。事实上，澎湖湾确实有仙人掌，是在 18 世纪由外国人引入的。现在其实仙人掌灌丛在热带海岸地区还是挺常见的，包括海南省三亚市。

海南省三亚市海边的仙人掌灌丛

山西省太原市天龙山黄栌灌丛秋季景观（黄栌也就是北京市著名的香山红叶的主要树种）

黑龙江省呼玛县的柳灌丛

整齐单一翠竹林

在中国丰富的森林资源中，竹林显得特别而另类。从植物分类学的角度看，竹子实际上是高大的草本植物，而非木本植物。仅从这一点看，以竹子为建群种的竹林就已经和其他各类森林类型分外不同了。

竹林在中国的分布是十分广泛的，大面积的竹林被称为“竹海”。全国竹林面积达到 641.16 万公顷，占全国森林总面积的 2.91%。在所有竹林中，毛竹林最为突出，面积达到 467.78 万公顷，占中国竹林总面积的 72.96%。毛竹在福建分布最广泛，其次是江西、浙江、湖南、四川、广东、安徽、广西。毛竹林的群落结构相对简单，建群种主要是毛竹，并且个体大小极为接近，群种外貌整齐单一，林下几乎没有灌木层，草本层也较为稀疏。

竹子以及竹林分布广泛，深刻地影响了中国文化，甚至有人将中国文化视为“竹的文化”。竹文化已深刻融入中国文学、艺术、建筑园林设计乃至民俗活动等多个领域。古人说“不可居无竹”，可见中国人与竹子的密切关系。爱竹、种竹、咏竹、画竹、用竹的风尚传承至今，竹笔、竹纸、竹诗、竹画、竹笛、竹韵等元素深受文人雅士的喜爱和推崇。在“四君子”（梅、兰、竹、菊）和“岁寒三友”（松、竹、梅）中，挺拔修长、四季青翠的竹子是其中不可或缺的重要角色。生活中，竹笋及竹酒也是中国餐桌上的特色美味……

中国有 500 多种竹子，遍布大江南北。目前中国有“十大竹子之乡”，分别是崇义、宜丰、桃江、广德、赤水、广宁、顺昌、建瓯、临安和安吉。如果有机会，一定要去领略竹海的魅力。

浙江省湖州市德清县莫干山的毛竹林竹海景观

四川省古蔺县桂花乡的毛竹林内部景观

广西壮族自治区防城港市的桐花树群落

海岸卫士红树林

红树林是一类独特的植被类型，生长在河流入海口海滩上，被誉为“海岸卫士”和“海洋绿肺”。在维护所在地区的生态系统平衡等方面发挥着重要作用，因此备受关注。中国的红树林面积较小，仅为 2.20 万公顷，占比还不到全国森林总面积的 0.01%，零星分布于海南、福建、广东、香港、广西、台湾以及浙江的沿海地区。全国红树林共包括59种群落类型，其中以海榄雌（白骨壤）、桐花树群落为主。

海松的树皮

值得注意的是，红树林外貌实际上并不红，而是绿色的。为什么它被称为红树林呢？原来，构成红树林的很多树种都属于红

红树科植物木榄开花

树科，也被称为红树植物。红树植物的树皮中常含有单宁物质，当树皮破裂接触空气后，便会因氧化而呈现出红色，因此得名“红树”。

红树林的一大特点在于红树林是生长在海滩上而不是陆地上，一年中有很长时间都处于被海水浸泡的状态中。为了在这种环境中生存，红树植物进化出了不少独特的本领——为了固定植株以抵抗海浪冲刷，并且保证呼吸，许多红树植物都具备极为发达的支柱根，部分种类甚至还长有向上生长的呼吸根。

红树科植物向上生长的呼吸根

红树科植物角果木发达的支柱根

红树植物具有一种独特的生理特性，即胎生现象。所谓胎生（胎萌）现象，指的是种子没有离开母体的时候就已经在果实中萌发，并长出棒状胚轴的现象。当胚轴脱离母树并掉落到淤泥中时，就可以在短时间内扎根生长成为新的植株。

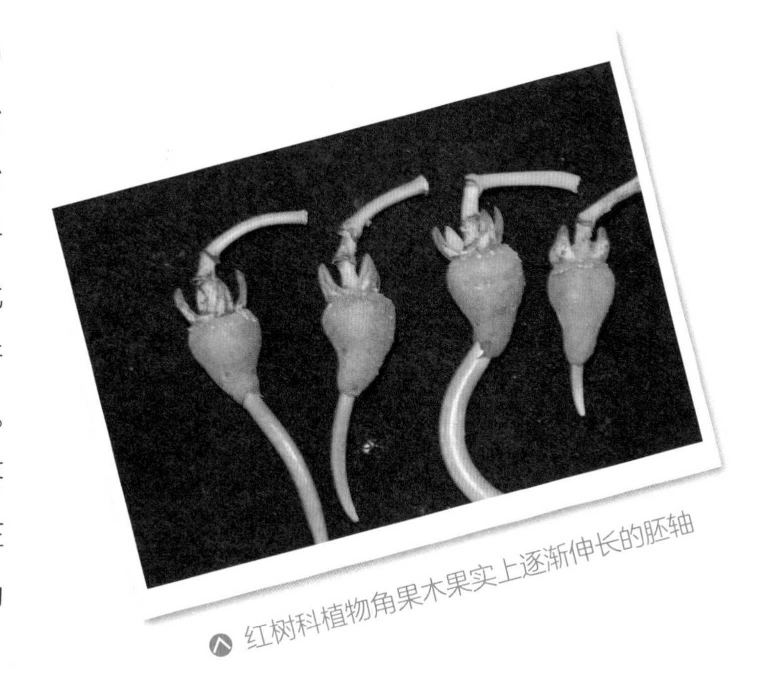

红树科植物角果木果实上逐渐伸长的胚轴

最后值得一提的是，红树植物实际上是耐盐植物而非喜盐植物，海水的浸泡对其生长是不利的，很多红树植物如果经常在淡水中生存会长得更好。

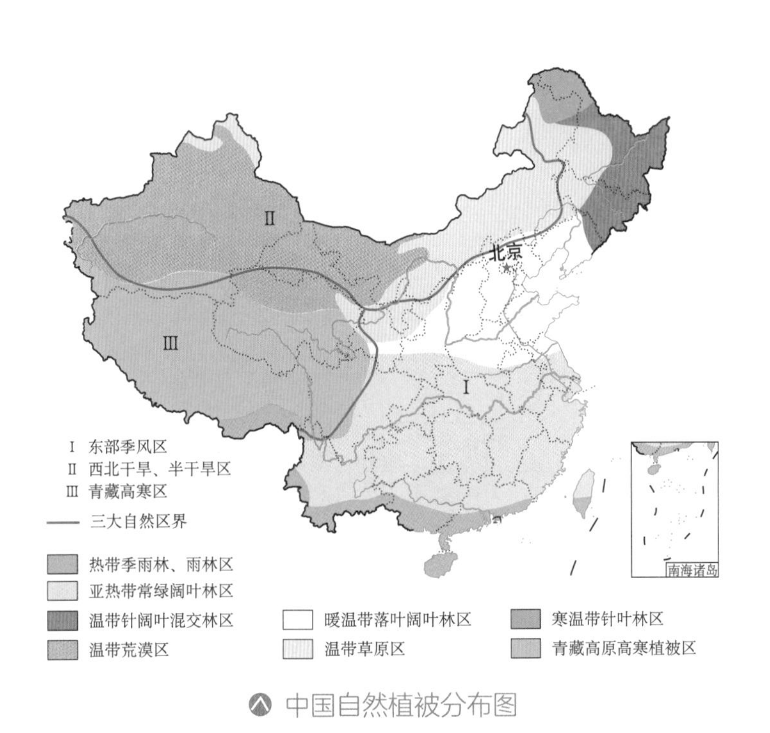

中国自然植被分布图

第三节　匠心独具林之造

匠心独具，意为工巧独特的艺术构思。中国的人工林的设计就具备巧妙的创造性。比如在风沙危害严重的区域营造防风固沙林，在水土流失严重的区域营造水源涵养林，在农业产区营造农田防护林、经济林综合防护林体等。这些举措充分体现了中国人民在尊重自然的同时，积极巧妙改造自然的宏图伟略。

干湿地形差别大

气候是影响森林分布的关键因素，尤其是降水。根据降水量的差别，中国可以划分为湿润、半湿润、干旱、半干旱和极干旱 5 个区。在这些大区中，湿润区的森林面积和蓄积量最大，分别占全国森林面积和蓄积量的 68.95%和 78.80%；而极干旱区最少，占比分别仅为 1.73%和 0.42%。

各气候大区森林资源主要结果

统计 单位	森林覆盖率 （%）	森林面积 （万公顷）	面积比率 （%）	森林蓄积量 （万立方米）	蓄积比率 （%）
合计	—	24145.31	100.00	1705819.59	100.00
湿润区	50.82	16648.71	68.95	1344213.30	78.80
亚湿润区	23.87	4235.25	17.54	282790.70	16.58
亚干旱区	10.98	2194.3	9.09	62541.06	3.67
干旱区	4.66	648.74	2.69	9060.17	0.53
极干旱区	3.68	418.31	1.73	7214.36	0.42

注：表中森林面积合计包含未计入全国森林面积的 2323.26 万公顷特灌林。

除了降水外，气温、日照、季风等因素也对森林的分布产生重要影响，但均不如降水那么显著。值得一提的是，尽管温度条件限制了大量热带亚热带森林树种的分布，但对于整体森林分布的限制并不是很明显，中国东北地区分布着大片广袤森林的事实很好地说明了这一点。

地形地貌对于森林分布的影响也是巨大的。中国 20 个主要山脉的森林面积达 15588.99 万公顷，森林蓄积量为 1347868.89 万立方米。由此可见，中国森林主要分布在山地丘陵地区。

需要注意的是，这并不意味着平原湿地不适合森林发育。事实上，在人类文明发展初期，广袤平原上到处都遍布着苍莽茂密的原始森林。这些原始森林在人类文明长达数千年的发展过程中，基本被破坏殆尽了。今天，中国广阔的平原大地大多变成了农田、城镇住宅用地、道路等，林地主要以次生发育的人工林为主。

我国 20 个山脉森林资源主要结果

山脉	森林覆盖率（%）	森林面积（万公顷）	面积比率（%）	森林蓄积量（万立方米）	蓄积比率（%）
合计	—	15588.99	64.56	1347868.89	79.01
大兴安岭	67.15	2080.28	8.62	177070.27	10.38
小兴安岭	67.71	746.60	3.09	66850.20	3.92
长白山	62.52	1680.14	6.96	185542.27	10.88
阴山	14.47	94.52	0.39	1001.57	0.06
燕山	50.93	387.59	1.61	11461.06	0.67
太行山	22.75	269.07	1.11	9657.51	0.57
秦岭—大巴山	53.80	1084.68	4.49	69566.02	4.08
桐柏山—大别山	37.94	327.79	1.36	13985.69	0.82
天目山—怀玉山	65.96	504.31	2.09	27899.55	1.64
武夷山—戴云山	68.27	1211.58	5.02	91701.01	5.38
罗霄山	63.15	459.94	1.90	21914.74	1.28

续表

山脉	森林覆盖率（%）	森林面积（万公顷）	面积比率（%）	森林蓄积量（万立方米）	蓄积比率（%）
南岭	63.00	1177.50	4.88	60640.46	3.55
雪峰山	64.08	621.19	2.57	38422.16	2.25
武陵山	52.03	739.06	3.06	36377.29	2.13
无量山—哀牢山	66.84	439.06	1.82	40955.56	2.40
横断山	43.86	2524.16	10.45	315726.14	18.51
喜马拉雅山	20.95	805.08	3.33	145413.08	8.52
祁连山	14.70	125.74	0.52	3413.18	0.20
天山	6.97	199.60	0.83	20165.51	1.18
阿尔泰山	23.26	111.10	0.46	10105.62	0.59

注：表中“面积比率”栏数据为各山脉森林面积占31个省级行政区（香港、澳门、台湾资料暂缺）森林面积合计的百分比，表中“蓄积比率”栏数据为各山脉森林蓄积量占31个省级行政区森林蓄积量合计的百分比。

特殊地貌上常常孕育着独特的森林。中国西南地区的喀斯特地貌，万峰林立，森林低矮茂密，形成了被誉为“桂林山水甲天下”的独特景观。丹霞地貌上的森林同样可构成奇景，其典型代表是福建省的武夷山。而在砂岩地貌分布区上也发育出了武陵山森林景观。

万峰林风景

此外，地貌还影响着土壤的发育，进而影响着森林植被的发育。在云南省东南部的同一地区，往往同时存在着土山、石山以及土夹石山，上面发育的森林类型

广东省韶关市仁化县中国红石公园丹霞山旅游风景区阳元石景区航拍

张家界国家森林公园

和林木种类也各不相同，土夹石山上的植物多样性往往比单独的土山或石山上的更为丰富。

因地制宜“绿长城”

只要植树，就一定能成林吗？答案并非绝对，而是要根据土地的实际情况栽植适宜的树木，方能成林。中华人民共和国成立后，东北、华北北部和西北地区各民族人民万众同心，几代人艰苦奋斗，用智慧和汗水筑造出中国的“绿色长城”——“三北”防护林。

在长达 40 余年的“三北”防护林工程规划与实施过程中，中国人民凭借智慧和才智，充分考虑气候、地貌、森林植被类型等因素和地域联结等条

“三北”防护林工程

始于1979年，工程规划期限为73年，分八期工程进行，预计到2050年结束。工程建设范围囊括了东北、华北、西北地区13个省级行政区的725个县级行政区，总面积达435.8万平方千米，约占我国国土总面积的45%，在国内外享有“绿色长城”之美誉，是迄今人类历史上最宏伟的人工造林工程。

件，采取因地制宜的建设方法，把“顺木之天，以致其用”这种天人合一的自然哲学思想运用到极致。中国人民在40余年的时间里植树660多亿棵，若按每棵树间距1米来计算，这些树大约可以围着赤道绕1650圈，堪称世界壮举。

在“三北”防护林工程的东北西部地区，不仅分布有粮食产区，同时也存在沙地和风害区域。如何既能提升粮食的稳产高产，又能改善农田小气候呢？工程设计师有办法。他们以农田防护林为基本建设框架，用常绿针叶、落叶阔叶等适合地域生长的多林种、多树种混交，乔木与灌木树种混交，经济树与用材树混交等方式，实现了农、林、牧有机融合，筑造成互为一体的区域性防护林体系。每块农田周边的防护林分布呈带状，被称为农田防护林带；林带相互衔接组成网状，被称为农田林网。在林带影响下，其周围一定范围内形成特殊的小气候环境，能降低风速、调节温度、增加大气湿度和土壤湿度、拦截地表径流、调节地下水位，最终实现了粮食的稳产高产。

内蒙古自治区至新疆维吾尔自治区一带的“三北”防护林工程中，气候干旱且土地沙化严重。因此防风固沙成为当地人们需要解决的关键问题。“三北”工程的设计者善打“组合拳”，采取“草方格—石方格—高立式沙障”联合的方法，既减风速、又固沙土，还将人工播种与飞播结合起来造林种草，构建了以防风固沙林为主的综合性防护林体系。

“山上光秃秃，山下黄水流，年年遭灾害，十年九不收。”黄土高原作

黄土高原的地貌特征

1、黄土塬（yuán）：指由厚层黄土组成、面积较大的台地。

2、黄土梁：指黄土高原地区的黄土受流水侵蚀切割形成的黄土丘陵地貌。

3、黄土峁（mǎo）：指黄土分布地区的一种黄土丘陵，呈穹状和馒头状的黄土丘陵。

4、沟壑：夹在黄土梁之间的区域。

四川省阿坝藏族羌族自治州九寨沟县黄土梁风光

甘肃省平凉市黄土塬现“云海”景观

为全球水土流失最严重的区域，其地形地貌以黄土塬、黄土梁、黄土峁这些典型的类型为主。

“三北”防护林工程的设计者坚持山、水、林、田、路综合治理的理念，采用生物措施与工程措施相结合的方式，工程上保塬、固沟、护坡，生

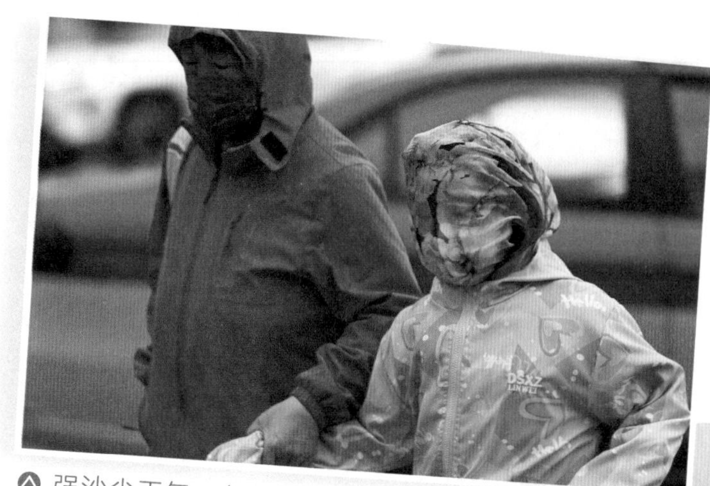

强沙尘天气，市民用纱巾包裹面部防沙

强沙尘天气下的北京

物改善上跟进沟里植树、坡上种草造田，对生态系统进行整体保护、系统修复和综合治理。建设农、林、牧协调发展的生态经济型防护林体系，实现生态、社会、经济可持续发展。根据当地情况因地制宜、综合治理，在黄土高坡高亢的《信天游》歌声中，黄土高坡变得更加富饶美丽。

“三北”防护林工程的华北北部区域包括北京、天津两市和河北北部、辽宁西部，分布有众多古都、古城，历史文化积淀深厚。这些地区在历史上屡次受到沙尘暴的袭击，口罩、纱巾曾经是人们的生活必需品。

为了恢复蓝天，工程设计者通过造林、育林的手段，加速扩大和恢复林草植被，建设以防风固沙林和水源涵养林为主的绿色“御林军”。“全覆盖、不露白”，设计者们实行区域联合联控，智慧排兵布阵，“多兵种”联合“作战”，构筑起了我国北方坚固的绿色屏障。

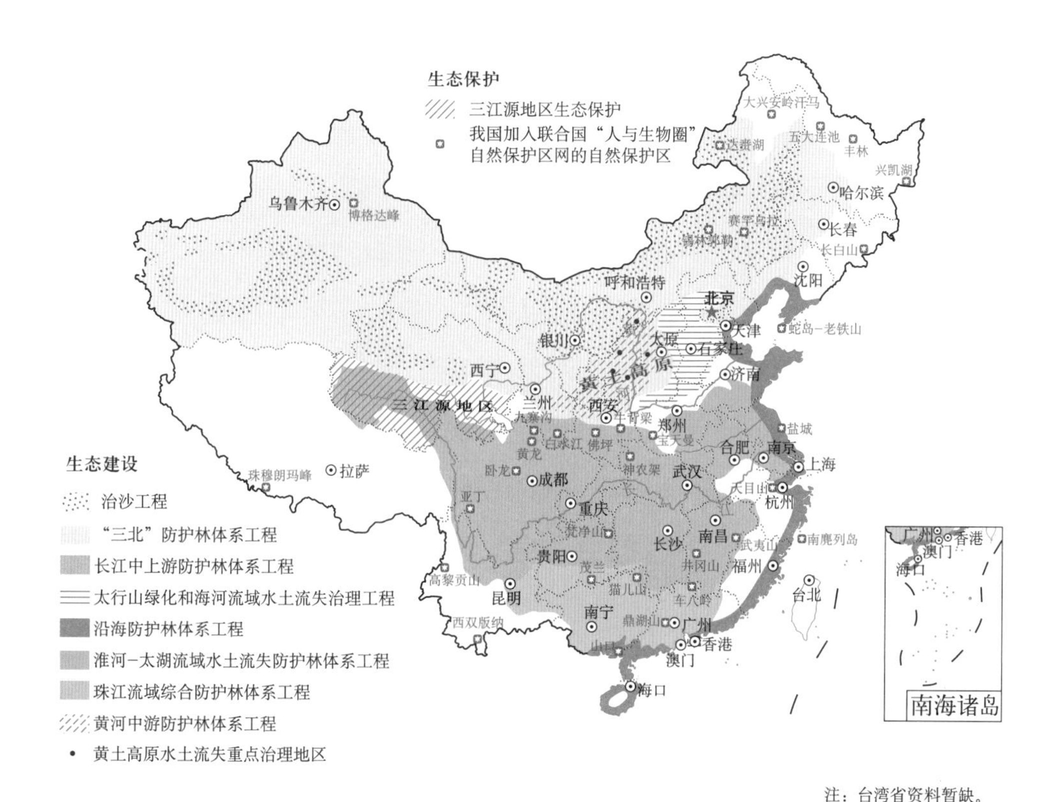

中国生态建设与生态保护举措示意图

和衷共筑绿中国

在绿化祖国的事业中，不仅有生活在“三北”地区的人们，还有来自天南地北的中华儿女。他们都是筑绿工程中的伟大劳动者，他们齐心协力，共同谱写着绿色中国奇迹。

拥有西双版纳原始森林的云南省也需要人工造林。以云南省曲靖市陆良县龙海乡为例，其地处高海拔的喀斯特地貌区，原本光秃秃的山体上怪石嶙峋，土质石漠化严重。20 世纪 80 年代，云南省陆良县的八位老人，面对受喀斯特地貌影响而连年寸草不生的荒山，展现出“山下要有路，山上要有树”的愚公精神，开启了长达 30 余年的植树、守林的生活，最终成就了如今翠绿浸染的花木山林场。他们的行为，诠释了“昔日北山愚公移山，今日云南愚公绿山”这一精神。

说到海南，人们总会想到阳光、海滩、椰林。但是，地处海南省西部沿海地区的昌江黎族自治县，曾是海南省荒漠化最严重的地区之一。每年 8 个月的旱季里，该地区的蒸发量是降水量的两倍以上，海风一起，风沙满天。但是有一群“花木兰”，以不输男子的气概和力量，在昌江黎族自治县棋子湾畔荒滩上奋战 30 年，植树 600 万棵，把一片寸草难生、风沙遍野的荒滩“绣”成了一片绿海。

在世界森林面积不断缩小与荒漠化加剧的人沙鏖战中，中国人民以天人合一的思想，勇敢智慧、踏实苦干的精神，前赴后继植树造林。这些因地制宜、匠心独具的人工森林，把中国的沙漠、沙地一点点改造成了翠林绿海的模样，并与天然林携手伫立，散发着独特魅力。

第四章 物华天宝林内藏

森林不仅构筑了生态安全屏障，还蕴藏了许多珍贵的宝藏，为人类提供了丰富的能源和经济产品，并给人类带来健康的身体和愉悦的心情。

随着森林的生态、经济和社会功能逐渐被人们所认识，森林的重要性日益凸显。为实现森林资源的合理保护和可持续利用，我们必须致力于维护良好的森林生态环境，使其成为最普惠的民生福祉，造福千秋万代。

第一节　水木明瑟林之基

“水木明瑟”出自郦道元《水经注》，形容林木泉水优美的景致，这样的美景广泛存在于中国森林中。森林作为“地球之肺”，林木葱茏是其发挥生态功能的基础。面积广阔的中国森林在保护生物多样性、涵养水源、保持水土、净化空气、固碳释氧等方面发挥着重要的生态功能。

助力“双碳”本领强

森林具有重要的“碳汇”功能，它们是大自然中最主要的碳吸收和储存仓库。森林中的树木通过光合作用吸收二氧化碳，并将其转化为有机物，从而减少大气中的二氧化碳浓度。森林中储存的有机物包括树干、树枝、根系、土壤等，也可以长期储存二氧化碳。据估计，全球森林能够吸收和储存

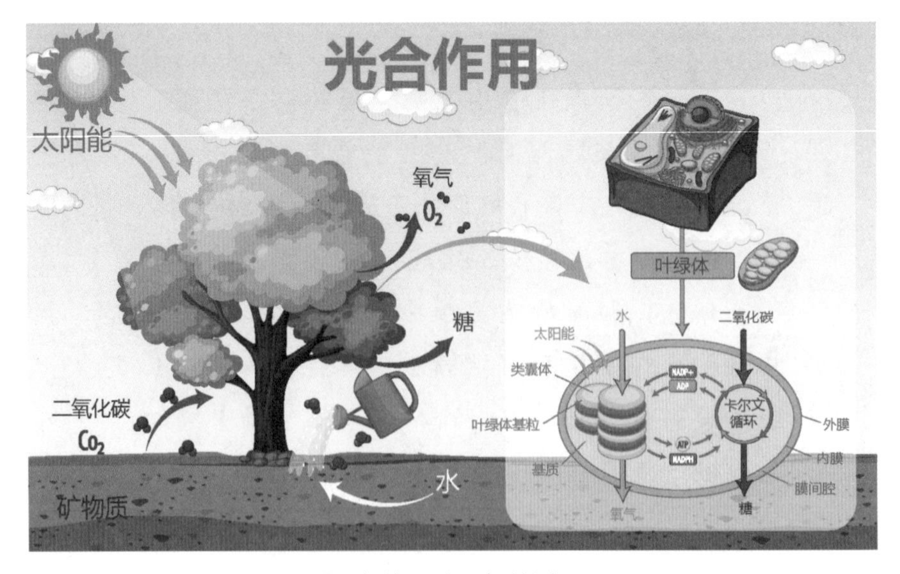

森林固碳释氧的过程

·信息卡·　卡尔文循环

卡尔文循环，又称光合碳循环（碳反应），是一种新陈代谢过程，碳以二氧化碳的形态进入并以糖的形态离开。整个循环是利用 ATP（三磷酸腺苷，一种不稳定的高能化合物）作为能量来源，并以降低能阶的方式来消耗 NADPH（还原型辅酶Ⅱ），从而增加高能电子来制造糖。

这个过程以其发现者梅尔文·卡尔文的名字命名。20 世纪中期，卡尔文与加州大学伯克利分校的同事利用新发现的碳 14 技术，首次探明光合作用中的碳固定途径，并于 1961 年获得诺贝尔化学奖。

的二氧化碳量，约占全球每年排放的二氧化碳总量的 25%。

碳达峰、碳中和

“双碳”即碳达峰和碳中和的简称。2020 年 9 月，习近平主席在第七十五届联合国大会一般性辩论上发表重要讲话时宣布，中国将提高国家自主贡献力度，采取更加有力的政策和措施，二氧化碳排放力争于 2030 年前达到峰值，努力争取 2060 年前实现碳中和。要实现双碳目标，需要多方面的努力，其中，科学有序地增加森林碳汇是非常重要的一个方面。目前，中国森林植被总生物量为 188.02 亿吨，总碳储量为 91.86 亿吨，年固碳量为 4.34 亿吨，年释氧量为 10.29 亿吨，为固碳做出了巨大贡献。

未来，中国还将通过积极开展森林碳汇项目，包括减少森林砍伐，加强森林保护和森林资源管理，科学进行造林、森林更新等措施，以保护和提高森林的碳吸收和储存能力。这些举措对于实现双碳目标，缓解碳排放压力，进而减缓全球气候变暖具有重要意义。

净化空气贡献大

漫步森林，仿佛置身于天然氧吧，那么森林是如何做到这一点的呢？ 在这里，我们以城市森林为主体展开介绍。

据研究表明，城市化进程的快速推进已导致区域气候变化和大气质量下降，大气颗粒物对环境造成的污染加重，引起了人们的重视。城市森林在改善环境、调节区域气候方面发挥了至关重要的作用。

· 信息卡 ·

什么是城市森林

城市森林是指在城市范围内，以林木为主体，包括生物群落及建筑设施的集合体。1965 年，一位加拿大学者首次提出城市森林的概念，经过不断发展，城市森林的界定范围由自然环境向人文环境拓展，将“城市”和“森林”结合起来作为一个新型的生态系统进行研究。学者们在对城市森林的研究上更加重视其生态效益，其中调节大气状态和质量的功能尤其受到重视。

要解决大气颗粒物污染的问题，除了在污染源方面加以控制外，还可利用林木对大气颗粒物的吸附、沉降等作用，改变大气颗粒物的浓度水平和时空分布。需要说明的是，有研究显示城市森林对大气颗粒物的作用表现相对复杂，因此无法将这些作用和它们之间的关系一一说清。在此，我们仅从单木尺度、林分（森林的内部结构特征，即树种组成、林层或林相、疏密度、年龄、起源、地位级等主要调查因子相同并与四周有明显区别的林地）尺度和区域尺度三个方面，简单介绍城市森林对大气颗粒物的影响。

在单木尺度上，多数研究的主体是叶片。叶片对大气颗粒物的作用主要包括滞尘和吸附两方面。从滞尘能力方面来看，叶片的结构越复杂，截获大气颗粒物的能力就越强，如悬铃木叶片大，表面又有茸毛，它的滞尘能力就很好。另外，叶片的形状也和滞尘能力密切相关，像披针形的叶片就能比倒卵形、椭圆形、针形或线形的叶片所滞留的大气颗粒物多。从吸附能力方面来看，叶片能够通过气孔吸收大气颗粒物，就算叶片表面有蜡质层也同样可以完成吸附工作，不过大气颗粒物会损坏气孔功能和表面蜡质层。刺柏因其复杂的针状结构可以积累较多的大气颗粒物，而决明子叶片的毛状体等结构则能增加对有毒重金属的吸收量。

叶片的形状

在林分尺度上，不同的林分类型具有不同的大气颗粒物截获能力，如针叶林比阔叶林具有更强的大气颗粒物截获能力。林分尺度的研究一方面表明城市森林对大气颗粒物的作用与气象要素密切相关。尤其是风速和风向，它们直接影响大气颗粒物的沉降与扩散，这体现为植被在垂直方向上和水平方向上对大气颗粒物产生的不同作用。另一方面，可见林分结构、组成等下垫面特征量对大气颗粒物的运动

森林净化空气示意图

也有重要影响。

在区域尺度上，研究主要是从颗粒物季节变化、空间分布、源解析和对健康的影响等方面展开的。有研究表明，增加城市森林覆盖面积有利于降低大气颗粒物浓度。

调节生态有妙招

森林对其内部及周边的温度、湿度、蒸发、降雨等气候因子，均可起到一定的调节作用。

森林的林冠层白天可以遮挡日照，并吸收部分能量用于光合作用。此外，森林还能阻挡风，同时降低地面辐射，因此在森林中，人们会感觉白天凉爽，夜晚温暖，昼夜气温变化较温和。

由于植物的蒸腾作用，森林内部的相对湿度要比林外高。森林植被的覆盖还能够减少土壤水分的蒸发，保持土壤湿度。值得关注的是，森林甚至还能增加和制造降雨——森林树木从地下吸收水分后，通过蒸腾作用可以增

涵养水源保水土

加森林上空及周围环境空气中的水汽，从而促进降雨的形成。这一作用在热带地区的森林中表现得尤其明显。

更神奇的是，微小的植物孢粉粒子也会对降雨产生影响。因为大量的孢粉粒子散布到大气中，作为凝结核吸附水汽，进而形成小的水滴，有助于增加云的维持时间，从而影响降雨。此外，大气中大量孢粉粒子的存在还可以吸收太阳辐射，影响大气温度，进而改变降雨模式。

“山上多栽树，等于修水库。雨多它能吞，雨少它能吐。”这则农谚生动形象地说明了森林在涵养水源方面发挥的重要作用。在降雨时，森林植被层的存在不仅可以减缓地表径流，还可以吸收储存一部分水分。而到了干旱季节时，水分又可以缓慢地得到释放从而增加地表径流，并且通过植物的蒸腾作用还可以增加降雨。根据调查统计，中国森林每年可涵养的水资源量高达 6289.50 亿立方米，确实就像是一座巨型的绿色水库。

森林还可以充当天然的滤水器。当水接触森林地表和植被时，森林会对其进行清洁和净化。另外，森林还有助于防止土壤侵蚀，防止河流和湖泊的浑浊和水污染。这有助于保持地表和地下水资源的质量，为人们提供清洁、安全的水资源。

林业上还把在涵养水源方面发挥重要角色的森林专门称为“水源涵养林”

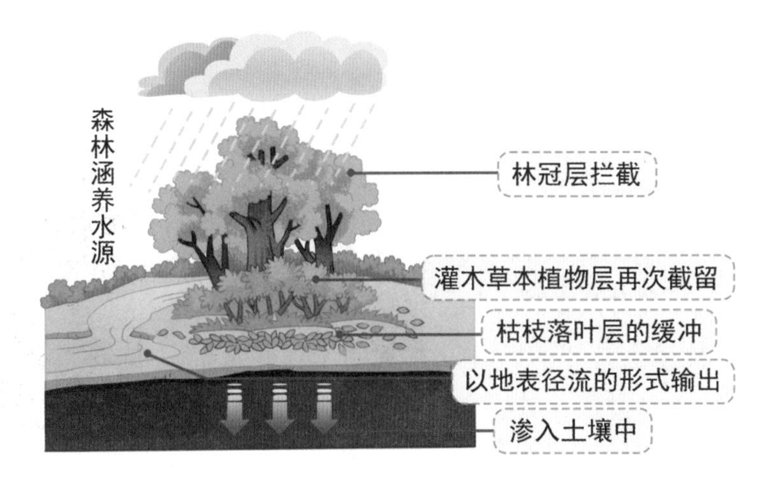

森林涵养水源示意图

或“水源林”。水源涵养林在涵养水源，改善水文状况，调节区域水分循环，防止河流、湖泊、水库淤塞，以及保护可饮水水源等方面具有重要的意义。

森林保持水土示意图

森林在防止水土流失方面也发挥着重要作用。中国森林年固土量达 87.48 亿吨，年保肥量达 4.62 亿吨。

在固持土壤方面，森林中的树木和植被具有发达的根系，有助于固定土壤并防止侵蚀。森林茂密的植被层以及深厚的枯枝落叶层为地表提供遮荫，能够减少降雨影响，从而降低土壤侵蚀的风险。

在改良土壤方面，森林植被不仅能保护土壤不受风雨侵蚀，还可通过落叶和倒下的树木等来保持土壤肥力，为土壤提供各种有机物质。一些植物，如豆科植物等，还常有固氮功能，对改良土壤也大有帮助。此外，森林植被还有助于防沙治沙、防灾减灾（如山崩、滑坡、泥石流）等。

探索与实践

在你生活的城市森林公园，是否有气象监测系统？对比森林公园与城市中心的温度、湿度、噪音、负氧离子等环境条件，做一个科学宣传小报或宣讲，向同学宣传森林的生态功能。

北京市北宫国家森林公园景色

第二节　富国裕民林之福

森林具有重要的经济功能，通过生产和提供木材、药材、食材、橡胶、松脂、油脂、纤维以及园林花卉等材料，对人类的生存发展作出了重要贡献。合理地利用和保护森林，方能使其不断为国家富强、人民富裕提供福祉。

美木良材不可缺

从人类掌握了火的使用的那一刻起，木材便成了人类生存必不可少的天然资源。木材作为相对结实又容易加工的材料，被广泛用作建筑、家具、基础设施、工艺品等的原材料。

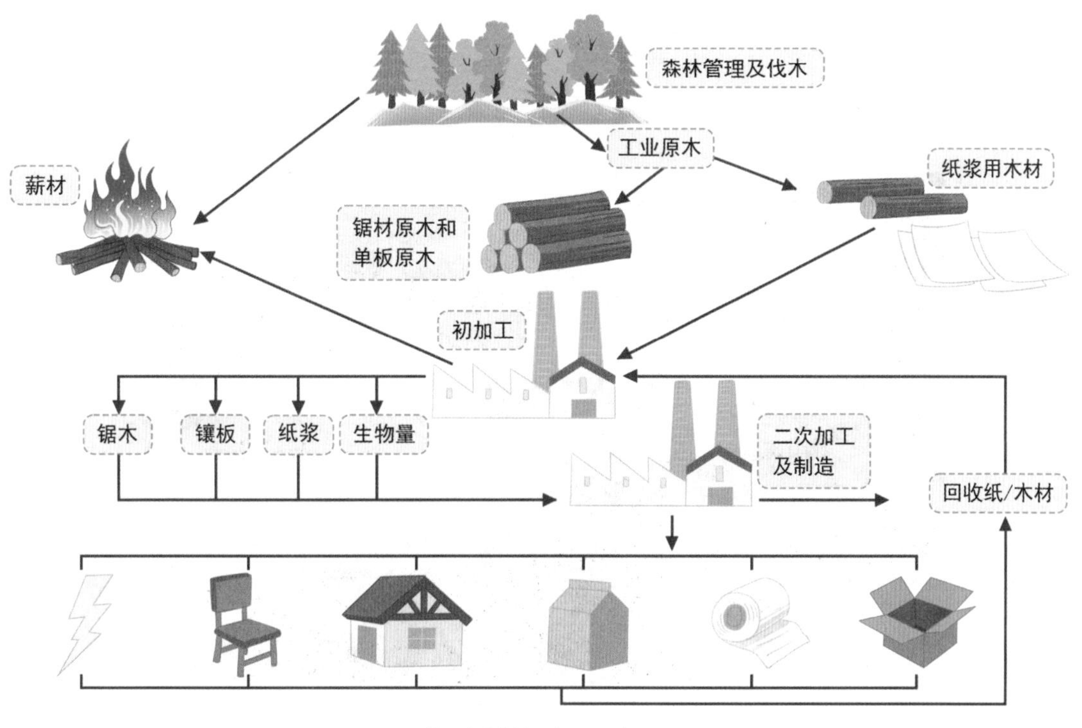

木材的利用示意图

中国木材资源丰富，以木材用途为主的用材林面积达 7242.35 万公顷，森林蓄积量 541532.54 亿立方米。尽管如此，由于天然林保护和林业可持续发展的需要，中国的木材资源实际上并不算富裕。为了满足木材使用需求，目前主要有两种途径，一是通过培育用材林来获取木材，二是从木材资源丰富的国家进口木材。

在培育用材林时，选择速生高产的树种是最重要的事情。目前，中国主要的速生树种有杨树、杉木、桉树、马尾杉、云南松、栎树、落叶松、柏木、桦木、云杉等。中国华北地区有大面积的杨树林，华东、华南地区有大面积的杉木林和马尾松林，西南地区则有大面积的桉树林。

百草良药可治病

森林对医药的贡献是巨大的，森林中生长着大量的药用植物，可以为人类治疗各种疾病和促进健康提供有力的支持。森林中的许多种药用植物是医药工业的重要原材料，也是研发新药、治疗各种疾病的重要来源。此外，

中药材

森林中生长的药用植物通常含有许多种植物化学成分，其中包含了大量的有益于健康的物质，例如维生素和抗氧化剂等，这给现代医药研究带来了巨大的机会，有助于开发出多种新药物。

中国森林包含的中药材极为丰富，全部种类超过了 5000 种，常用的中草药种类也有数百种之多。而由不同中草药制成的方剂，更是数不胜数。中药材的采集、培育、加工、交易和利用，在中国更是形成了独具特色的中医药产业。“草到安国方成药，药经祁州始生香”说的是中国重要中药材集散地之一的河北安国，如今它与安徽亳州、江西樟树、河南禹州共同被称为中国的“四大药都”。

森林山货是佳肴

森林中的食材是人类最古老和多样的食物来源之一，从人类还没有走出森林的时候它们就被利用了。而如今，来自森林的野生食材，俗称山货，不仅具有丰富的营养，还常具有独特的风味，更是被人们奉为健康饮食而推崇备至。

中国的森林中出产着丰富的野生食材，有木耳、香菇、松露、竹荪、鸡枞及羊肚菌等各类野生菌，有竹笋、蕨菜、黄花菜、野生葱、野生薯蓣和野生姜等各类野菜，有松子、山杏、猕猴桃、悬钩子、茶藨子、五味子、沙棘、越橘及野草莓等各类野果，还有野生茶叶及各类代茶植物（如藤茶，也叫莓茶，显齿蛇葡萄的嫩叶加工而成）等。

台湾省阿里山周边地区还有一种著名特产，名为“爱玉子”，其雌性果实含有丰富的果胶，在水中揉洗可形成爱玉子果冻，再配以辅料可制作成清凉解渴的冷饮，与此类似的植物种类还有豆腐柴和凉粉草。此外，森林中还出产一些动物性来源的食材，比如蜂蜜。

源于森林的大量山货被采集、加工、贸易直至利用，形成了一个繁荣的森林土特产市场，发挥着重要的经济价值。

生长于大兴安岭的羊肚菌

资源植物工业用

中国森林拥有丰富的植物资源，从这些植物中可以提取出诸如橡胶、松脂、油脂、精油以及漆料等工业原料。

天然橡胶来源于橡胶树，是生产橡胶制品必不可少的原料，如橡胶轮胎、橡胶手套等。因此，橡胶树对中国云南省南部和海南省等种植地的经济和生活方式有着重要影响。

橡胶树的割胶方式以及带果枝条，左图碗中白色的汁液就是刚流出来不久尚未凝固的橡胶乳汁

松林树皮被切开，用于生产松脂

松脂（松香）、桃胶等天然树脂主要来源于松柏类和蔷薇科李属植物的树干，它们不仅能用作涂料，还被广泛应用于造纸和绝缘材料、胶粘剂、医药及香料等工业生产制作过程中。

中国中还生长着许多重要的木本油料作物，比如油桐、油茶、黄连木、文冠果、山桐子、乌桕等。从这些植物的果实中提炼的油脂，也被广泛应用于工业生产，个别种类（如油茶的油脂）还可以食用，为中国经济发展作出了重要贡献。

中国各地还广泛分布着漆树林，由漆树树干分泌物加工而得的漆是一种优良的防腐、防锈涂料，因其独特的性能，至今在工业领域上仍得到广泛应用。而源自中国古代的漆器制造，更是形成了具有东方神韵的独特生漆艺术。需要格外注意的是，在森林中看到漆树不要随便触碰！漆树有毒性，可能会引起严重的过敏反应。

中国重要的木本油料作物

漆树

“彝族漆器髹饰技艺”传承人展示漆器制作技艺

园林之母多芬芳

享有“世界园林之母”美誉的中国拥有丰富的园林植物资源，对于世界园林园艺的发展具有重要的影响。世界园林之母一说最早出自《中国——

◎ 珙桐

◎ 绿绒蒿

园林之母》一书。该书的作者是英国著名博物学家欧内斯特·亨利·威尔逊，他曾于1899年至1910年间，先后4次深入中国的湖北和四川等地区开展植物考察，并将原产自中国的数百种园林植物引种到西方世界，其中包括著名的珙桐、绿绒蒿、岷江百合等种类，大大丰富了世界园林植物的种类。

来自山林中的众多奇花异木很早便在中国园林之中得到了培育和利用。经过数千年的积累和发展，创造出了辉煌灿烂的中国古典园林园艺文化。关于中国古代著名的奇花异木，宋秋先的《花名诗》做了极为生动形象的概括和描述：

“梅标清骨，兰挺幽芳，茶呈雅韵，李谢浓妆，杏娇疏雨，菊傲严霜，水仙冰肌玉骨，牡丹国色天香，玉树亭亭阶砌，金莲冉冉池塘，芍药芳姿少比，石榴丽质无双，丹桂飘香月窟，芙蓉冷艳寒江，梨花溶溶月色，桃花灼灼朝阳，山茶花宝珠称贵，腊梅花馨口芳香，海棠花西府为上，瑞香花金边最良，玫瑰杜鹃，烂如云锦，绣球郁李，点缀风光，说不尽千般花卉，数不了万种芬芳。”

随着现代园林园艺的发展，人们不仅培育出大量的中国传统园林植物品种，还有许多新兴的野生花卉资源也得到了开发利用。典型的案例是蝴蝶兰产业，台湾省充分利用其丰富的蝴蝶兰原种以及丰富种质资源的优势，开展了一系列卓有成效的品种选育工作，培育出了一万多个蝴蝶兰优良品种，占世界蝴蝶兰的总品种数的一半以上。同时研发出了配套的“组培快繁”体系，从而主导了全球蝴蝶兰产业发展。

此外，近年来具有较高观赏价值的各类森林园林植物资源，包括苦苣苔科植物、木兰科植物、山茶科植物以及杜鹃花科植物等，也得到了不同程度的开发利用。总的来说，中国森林为世界园林园艺的发展提供了强有力的支持。

规模化组培快繁生产的蝴蝶兰花卉

第三节　悠然自得林之乐

在生态文明建设取得显著成效的背景下，人们对优质生活的追求也日益增长。人类对森林的认识，逐渐由聚焦资源利用，扩展到审美、娱乐、康养等多元化领域，充分体现了森林重要的社会服务功能。

走进森林，一起体验漫步绿色中的悠闲舒适吧！

森林美景看不够

中国拥有众多著名的森林，其中包括东北长白山落叶林、新疆喀纳斯云杉林、湖北神农架原始森林、四川九寨沟原始森林、湖南张家界常绿林、福建武夷山原始森林、云南西双版纳热带森林、贵州梵净山常绿林、广东鼎湖山常绿林及广西十万大山喀斯特森林等。这些森林以其独特的自然风光而闻名于世。

中国森林拥有丰富多样的植物资源，吸引了不少游客前来观赏。若以个体而论，安徽省黄山的迎客松应该是中国最著名的一棵树了；若以物种而论，桃、李、杏、梅、樱、杜鹃、山茶、胡杨、白桦、百合、山丹、报春花等都是较为吸引游人的种类；此外，中国各地的古树名木以及各类“树王”（松、柏、榕、樟、茶、梅、银杏等）也备受游客的青睐。

中国森林中还有各具特色的动物资源，也是吸引大量游客前来游玩的重要原因。四川省卧龙自然保护区的大熊猫憨态可掬，能激起人们发自内心的喜爱；湖北省神农架国家森林公园的金丝猴被称为“森林精灵”，好看有礼貌，合影时也很配合。近年来，随着自然观察活动的兴起，观鸟、动物摄影也逐渐成了森林旅游的一种重要活动形式。

中国森林还拥有许多文化方面的资源，如相关的神话传说、历史事件、

安徽省黄山的迎客松

当地习俗、宗教活动等，这些资源常与森林相融合形成当地特色的森林文化，并成为森林旅游的重要魅力之一。

天然氧吧助健康

盛夏的四川省峨眉半山七里坪森林康养小镇被绿色包围，放眼望去，森林禅道、景观大道等尽是葱茏翠绿的景象。人们漫步森林禅道，体验森林瑜伽、森林太极，品尝森林禅茶，享受花海相拥，欣赏半山美景之精华。这里森林覆盖率高达90%，平均每立方厘米的空气中含有1万至3万个负氧离子。

良好的森林环境通常都富含负氧离子，对人体健康有很多益处，因此被称为“森林氧吧”。在森林中呼吸新鲜空气，有助于提高人体免疫力、缓解疲劳、改善睡眠质量，使人更有活力、注意力更集中。这种环境还有助于改善心脑血管健康，减少患心脏病和高血压的风险。森林环境的静谧气氛也

福建省龙栖山森林康养小镇景色

有助于心理健康，减少压力和抑郁。因此，定期到森林进行户外活动是对身体健康有益的。

近年来，越来越多的人开始重视身体健康状况，各类养生活动逐渐成为年轻人社交、生活的一部分，在这个背景下，森林康养旅游便也越来越受到人们的欢迎。那么，什么是森林康养呢？森林康养是以森林生态环境为基础，以促进大众健康为目的，利用森林生态资源、景观资源、食药资源和文化资源，并与医学、养生学有机融合，开展保健养生、康复疗养、健康养老的服务活动。

森林康养旅游产业起源于德国，早在 19 世纪 40 年代，有关专家就在德国的巴特·威利斯赫恩镇创建了世界上第一个森林浴基地。在德国，森林康养被称为“森林医疗”，重点在医疗环节的健康恢复和保健康养。随着森林医疗项目的推行，不仅参与项目的国民的健康状况有所好转，而且还带动了就业的增长和人才市场的发展。

森林康养旅游在我国是新兴产业，是我国林业改革的创新模式，也是林业经济多元组合、相融共生的新业态。2019 年，国家林业和草原局、民政部、国家卫生健康委员会、国家中医药管理局联合印发《关于促进森林康养产业发展的意见》。该意见提出，到 2022 年计划建设国家森林康养基地 300 处，到 2035 年计划建设 1200 处，这些基地向社会提供多层次、多种类、高质量的森林康养服务，满足人民群众日益增长的美好生活需要。2021 年，我国森林康养年接待访客近 5 亿人次。2022 年 9 月，人力资源和社会保障部将“森林康养师”作为新增职业岗位正式纳入《中华人民共和国职业分类大典》。这些信息表明，森林康养的行业发展势头持续向好。

森林康养是建设生态文明的组成部分，同时也是乡村振兴、中医药振兴等重点战略的重要内容，发展森林康养是满足人民群众日益增长的美好生活需要的重要途径之一。目前，各地森林康养基地建设如火如荼地展开，相关高校、职业院校也纷纷开设森林康养专业。

森林民俗有学问

中国森林的民俗是指人们在森林中进行的传统活动，包括采集野果野菜、收获树皮、参观森林景观等。这些活动也是传统文化的一种体现。

在中国大兴安岭、小兴安岭等地，曾经以狩猎为生的鄂伦春人发展出了“物尽所用”的桦皮文化以及相关风俗。桦皮制品出现在鄂伦春人生活的方方面面——婴儿睡桦皮摇篮；

藏于内蒙古自治区呼伦贝尔民族博物院的鄂伦春族桦树皮制品——鱼洞

儿童玩桦皮玩具；结婚时用桦皮衣箱作为嫁妆；丧葬时用桦皮制品作为陪葬物；平时住桦皮屋，锅碗瓢盆也都是桦皮制作的；行猎时驾桦皮船；采集野果用桦皮采集器等。今天，尽管鄂伦春人生活中不再需要依赖桦皮制品，但随着旅游业的兴起，鄂伦春人宝贵的桦皮文化得到了良好传承，众多别具风味的桦皮制品成了博物馆展品和旅游纪念品。

中国民俗多样性还生动表现在粽子文化中。众所周知，粽子是中国传统节日端午节的一种传统食品。然而，由于各地气候条件和民俗文化的不同，使用的粽叶材料不同，包出的粽子形状、大小也各不相同。尤其是中国人用作粽叶的植物材料存在极高的多样性，约有 20 多种，包括箬竹叶、芦苇叶、槲树叶、柊叶、粽粑叶、荷叶、芭蕉叶等。

此外，人们一起参与野外探险和生活，不仅能拓宽视野，锻炼毅力，也形成了一种独特的森林文化。

不同形状的粽子

森林崇拜自融洽

在中国传统文化中，森林是很多神话传说的发生地，人们对森林的崇拜古而有之，其中包括对山神、林神等自然力量，这表现出了人们对大自然的尊重和感激。在部分地区，森林被视为自然的圣地。

中国的森林崇拜反映了人们对大自然的尊重和敬畏之情，以及对生态环境的重视，这种崇拜不仅强调了森林保护的重要性，还促进了人类社会的和谐发展。

云南省西盟佤族自治县龙摩爷圣地的森林崇拜

第五章 天灾人祸林有失

中国拥有面积广阔、类型多样的森林，近年来，森林面积稳步扩大，覆盖率持续提高，在生态、经济以及社会发展等方面发挥着重要的作用。但是，作为复杂的生态系统，森林也有脆弱的一面，面临着自然灾害（火灾、病虫害、外来入侵物种、干旱、冰冻、雪灾、地震、水灾、泥石流等）和人为破坏（毁林开荒、滥伐林木、滥捕野生动物、盗挖野生植物等）的各种威胁。

第一节　山火肆虐林之殇

火是人类文明进步的原始推动力，也是森林的大敌。常言道:“野火无情。”大火所及之处，森林资源尽毁，林中动物失去了家园，连同自己的生命也受到极大威胁，仅留下一片光秃焦黑的大地疤痕。此外，火灾还可能引发水土流失、山洪暴发等次生灾害，威胁人类生命财产安全。虽然一场火灾可能仅持续短暂时日，但要恢复往日森林样貌则需要几十年甚至上百年的时间。

星星之火可燎原

“星星之火，可以燎原”这一说法，也可以用在形容森林火灾上，它反映了森林火灾的复杂性。虽然引起森林大火的原因有很多，但大部分森林火灾都是人为用火不慎引起的，包括烧荒、烧灰积肥、烧木炭、玩火、乱丢烟头、开山崩石等行为，野外做饭、取暖、用火驱蚊驱兽等情况也是诱发火灾

森林火灾

的因素。据相关统计，人为因素约占总火源的 95% 以上。此外，一些自然因素也可能导致森林火灾。例如，在干旱季节，有雷电触及森林很容易引起树冠燃烧；或在太阳辐射较强的地方，森林中的腐殖质会发生高热自燃。

除了火源，森林火灾的形成还有其他相关条件。森林中乔木、灌木、草类等植被中含有大量的有机物，这些有机物是森林火灾发生的物质基础。当处于火险天气时，这些可燃物遇到火源就会发生森林火灾。相关研究发现，郁闭度大的森林内潮湿，不易发生火灾，反之，郁闭度小的森林则易发生。除此之外，森林火灾还和地形因子有关，如果阳坡日照强，林地温度高，森林内可燃物易干燥，陡坡雨水易流失，土壤水分少，易发生火灾。

·信息卡·　什么是火险天气？

火险天气是有利于林火发生，影响林火行为及其控制的各种特征天气。天气、森林可燃物和火源，是构成森林火灾的三个要素。林火天气集中反映了干旱、高温和大风等特殊的天气条件。因此，当我们讨论林火天气时，必须考虑火险天气要素和形成的火险天气型。

资源经济损失多

森林火灾突发性强、破坏性大，一旦发生森林火灾，将会对森林资源和经济财产造成重大损失。在滚滚浓烟的森林大火中，树木在冲天火光中倒下，多年生长的大量森林资源顷刻化作灰烬。森林火灾还会导致林中的大量动植物种类的死亡，改变其生存环境，使其数量明显减少，甚至导致某些动植物种类灭绝，造成不可估量的损失。

据相关数据统计，中国每年被烧毁的森林面积约为 10 万公顷，每年被烧毁的幼龄林数量超过 1000 万株，每年被烧毁的成熟林蓄积量大多在 20

万立方米以上。为了扑灭森林大火，需要调动大量人力、物力和财力，这也耗费了巨大的经济成本。中国每年因森林火灾造成的整体经济损失约为 50 亿元人民币，每年用于救火的相关经费也超过 1 亿元。此外，森林火灾还会对人们的生命和财产安全造成严重威胁——可能导致居民疏散道路中断和通信系统故障，甚至使无辜的人们失去生命。

森林火灾灾后画面

生态环境影响大

森林火灾对生态的破坏也是巨大的，会造成空气污染、生物多样性破坏、生态失衡、水土流失、土地荒漠化加剧等恶劣影响。

森林火灾会造成空气污染。森林燃烧会产生大量的烟雾，烟雾中包含二氧化碳、一氧化碳、碳氢化合物、碳化物、氮氧化物及微粒等有害物质，从而造成空气污染，危害人类身体健康及威胁野生动物的生存。中国环境监测总站的研究数据显示，中国每年发生的森林火灾所释放的二氧化碳约为2000 万吨，对空气质量造成了严重影响。

森林火灾会破坏生物多样性和生态平衡。大火会摧毁森林中的树木、动物和植物，对生物群落造成巨大的影响，并有可能持久地改变森林环境，造成生态失衡。

森林火灾还会引起水土流失。大火过后，森林植被荡然无存，光秃的地表暴露在烈日的暴晒和大雨的冲刷之下，容易造成水土流失，甚至造成泥石流并引起山洪暴发。

森林火灾烧毁的房屋

特大林火敲警钟

森林火灾一般分为特别重大、重大、较大和一般火灾四个等级。说起中国的特大森林火灾，当数发生于 1987 年的“5·6 大兴安岭特大森林火灾”。

1987年5月6日至6月2日，大兴安岭地区的西林吉、图强、阿木尔、塔河等地的多处林场同时起火，大火持续了28天，火场总面积达120万~130万公顷。大火造成的损失触目惊心，共有211人死亡，266人烧伤，5万余居民受灾，直接经济损失达5亿多元，间接损失达69.13亿元。为了有效控制火势，中国更是动用了58800多名来自部队、警察和群众的救援力量，昼夜进行扑救，最终才成功将大火扑灭。

近年来，媒体报道了一些森林火灾事件。如2019年四川省凉山彝族自治州的森林火灾，导致30名扑火人员壮烈牺牲；2020年四川省西昌市的森林火灾，烧毁森林近800公顷，导致19人牺牲，3人受伤，造成直接经济损失近1亿元。此外，还有2020年西藏自治区林芝市森林火灾、2021年宁夏回族自治区固原市森林火灾以及云南省昆明市森林火灾等，这些事件都造成了严重的损失和不良影响，值得后人警惕。

第二节　森林破坏林之灾

近年来，中国在保护森林方面取得了显著的成效。但破坏森林的行为还没有得到完全遏制，许多影响并破坏森林结构和功能的因素也依然存在。此外，历史上遭受过破坏的森林，还遗留着各种各样的问题，并可能导致灾害的发生。

林木采伐毁天然

由于人们对木材资源以及土地的需求，林木砍伐也成了对森林生态系统最常见、最严重的干扰之一。

历史上，战争、开垦、滥伐等行为导致了森林资源锐减。在秦朝时，黄河流域的森林覆盖率高达 53%。到了南北朝时期，森林覆盖率就已降至 40%。中华人民共和国成立后，为支援国家经济建设，中国各地纷纷设立了许多以采伐木材为主的林场，而采伐的木材绝大部分来自天然林。

相关数据显示，目前全球平均每年被砍伐的树木有近 13 亿棵。在中国，近年来全国天然林平均每年采伐量仍达到 4994 万立方米；而在 10 年前，这个数字更是高达 1.79 亿立方米。林木砍伐还使中国每年天然林面积减少约 40 万公顷。

根据相关法律，天然林保护工程区内的林木砍伐应该被严格禁止，但还是存在一些不遵守法律法规，随意砍伐森林资源的行为，近年来天然林砍伐事件屡屡发生。

砍伐林木对于天然林的破坏非常严重，会导致森林结构和功能退化，生物多样性也随之下降，一些植物种类种群变小，甚至灭绝，从而对野生动物种群的承载力有限，严重影响到天然林生态系统的原真性和完整性。

森林砍伐

林相改变质量差

林相，指“森林的外形”，能够直观地反映森林的林木品质和健康状况。不同类型的森林，其林相存在明显的不同。随着人类活动对森林的影响，许多森林的林相发生了改变。例如，许多地方的原始林经过砍伐或火灾后，变成了次生林，导致森林的质量和功能不断下降。

原始林，在云南一些地方俗称“老林”“大箐”“古林箐”，存在时间长，没有遭受人类显著干扰，生态系统完整，功能完善，生物多样性丰富，一般拥有郁郁葱葱、苍莽古老的林相。目前，中国真正保留完好的原始森林已经所剩不多，面积仅为 856.99 万公顷，只占中国乔木林面积的 4.76%。而这一小部分原始森林恰恰是许多动植物物种的原始家园，也是生物多样性保护的关键所在。

次生林，尽管与原始林都属于天然林，但许多次生林遭到了严重的不合理采伐和破坏后，相比原始林而言，失去了很多结构和功能，生物多样性也不高，在林相上常表现为错漏凌乱、参差不齐。遗憾的是，处于这种状态的次生林基本构成了中国森林资源的主体。

根据《中国森林资源报告 2014—2018》中对于中国森林生态功能状况的评定结果显示，中国生态功能“好”的森林约为 2535.88 万公顷，只占森林总面积的 14.10%；“中”的面积约为 14195.50 万公顷，占森林总面积的 78.91%；“差”的约为 1257.47 万公顷，占 6.99%。这也反映了中国森林总体生态功能不高的现状。

此外，中国森林还存在以下问题：乔木林平均郁闭度不高，只有 0.58，并且有三分之一的乔木林存在过密或过疏的问题；主要以中小乔木为主，大乔木偏少，平均胸径仅为 13.4 厘米，平均树高仅为 10.5 米，生长的时间也不长。

云南省香格里拉市尼汝村附近的原始森林

经营不善林单一

中国目前拥有的人工林面积达 8003.10 万公顷，位居世界首位，在全面森林中占据了很大比重。然而，人工林却面临尴尬境地。

由于人工林大都是单一树种造林，导致林相上整齐划一，结构也不完整，故而常常缺乏丰富的生物多样性，有生态学家称之为“绿色沙漠”。这类森林生态服务功能相对较差，对野生动植物物种群的承载力有限，甚至影响到当地森林生态系统的原真性和完整性。

自二十世纪七八十年代起，中国开始用杨树和桉树大面积营造人工林，至今形成了“南桉北杨”的局面。尽管中国有着世界最大的杨树人工林，面积超过了 1 亿亩。然而，许多杨树成了未老先衰的“小老头树”，并没有为中国贡献大量的木材资源，反而制造出了漫天飞舞的杨絮，给易过敏、有鼻炎的人们带来极大的困扰。而桉树则变成了“抽水机”，消耗大量水分，不利于原生物种生长。

此外，近年来快速发展的林下经济种植，导致许多天然林的林下层次变成了单一物种的状况。其中最典型的案例便是草果的种植。

草果作为一种广受欢迎的香料确实有着很高的经济价值，然而当草果在天然林下广泛种植时，天然林下原有的灌木层和草本层都会被清除，取而代之的是大片整齐的单一草果。这严重破坏了天然林原有的结构和功能，影响了森林的天然更新，原有的许多动植物也因此消失不见。长此以往，会造成森林的严重衰退。

云南省天然林下广泛种植的草果

水土流失致洪灾

大家可能听说过 1998 年特大洪水。这是堪称中国 150 年来最严重的全流域型特大洪水，受灾地区涵盖了长江、嫩江、松花江等流域，涉及 29 个省级行政区，受灾面积高达 3.18 亿亩，受灾人口达到 2.23 亿人，死亡人数为 4150 人，直接经济损失高达 1660 亿元。

造成这场特大洪水灾害有气象方面的原因，同时也与森林滥砍滥伐造成的水土流失息息相关。二十世纪五十年代中期，长江上游森林覆盖率尚有 22%，但由于长期的农地开垦、林业采伐和城市化建设进程，长江两岸 80% 的森林被砍伐殆尽，因此导致长江流域水土流失严重，每年丧失表土高达 24 亿吨，曾经碧水映天的长江，逐渐变得浑浊。这些因素均为特大洪水的形成埋下了隐患。

鉴于 1998 年特大洪水的惨痛教训，中国启动了“天然林保护工程”，逐步停止对天然林的采伐，以遏止水土流失，保护生态环境。

湖北省宜昌市夷陵区太平溪镇韩家湾村，林中果茶叶专业合作社社员对茶树基地水土流失部分进行修复加固

荒漠石漠难治理

来自中国北方的同学们应该对“沙尘暴”现象有着深入了解，这也是荒漠化进程的重要标志之一。当沙尘暴发生时，滚滚黄沙呼啸而至，导致空气混浊不清，这种景象也被著名科幻电影《星际穿越》作为世界末日的主要场景之一。造成荒漠化的原因有很多，人类滥砍滥伐森林植被，造成地表土壤裸露，最终出现沙化现象，是重要原因之一。

为了应对荒漠化，中国启动了“三北”防护林工程，并将其作为国家经济建设的重要项目，旨在构建一道保护北方生态环境的“绿色长城”。

相比荒漠化，同学们对于“石漠化”一词可能较为陌生。石漠化，也称为石质荒漠化，主要发生在中国西南的石灰岩地区，是指由于人为因素造成的植被持续退化乃至消失，造成水土流失、土地生产力下降、基岩大面积裸露于地表（或砾石堆积）的土地退化过程。截至 2021 年，中国石漠化土地面积达 722.32 万公顷。石漠化与水土流失还存在恶性循环，使当地农业生产条件和生态环境不断恶化，一些地方甚至不得不考虑“生态移民”。为了治理石漠化问题，2008 年中国启动了石漠化综合治理试点工程。通过采取多种措施推进治理，许多特色经济树木，如降香黄檀、柚木、任豆、地枫皮等在治理过程中发挥了重要作用。

工人们在湖北省宣恩县李家河镇塘坊村的“石漠化”土地上进行“坡改梯”施工

第三节　病虫相侵林之痛

森林为什么会遭受病虫害呢？

无论是树木，还是草本植物，在生长过程中，都可能会遭受各种虫害和病害。在自然界中，病虫害和植物一直是相生相伴的。在某些特殊情况下，病虫害可能会达到比较严重的程度，成为灾害，毁坏树林，让以森林为家园的物种无家可归。

森林病虫知多少

引起森林病害的病因主要分为生物因素和非生物因素两大类。生物因素主要有病毒、类菌原体、细菌、真菌、线虫和寄生性种子植物等，其中，真菌病害种类最多，约占森林病害的80%以上。历史上森林的许多毁灭性病害都是由真菌引起的，包括幼苗猝倒病、枯萎病及烂皮病等。而非生物因素方面主要是低温、旱、涝、盐碱、土壤营养元素缺乏及环境污染等。

贵州省黔东南苗族侗族自治州，在云台山喀斯特世界自然遗产地保护区内，工作人员在林区喷洒药物，防治病虫害

森林虫害主要由有害虫类引发的。害虫的侵袭或寄生，可使林木发生病变，导致生长不良，甚至引起林木成片的死亡。例如松材线虫和美国白蛾这两种原产于北美洲的虫类，在原产地并没有对林木造成严重影响，来到中国后，却给中国森林带来了严重的灾难。

松材线虫是一种小型的无脊椎动物，体长还不到 1 毫米，肉眼难以察觉。这种小虫子可以引发松材线虫病，又称松枯萎病。

1976 年，我国首次在辽宁发现美国白蛾，此后这种美国白蛾迅速在北方地区繁殖、扩散。美国白蛾具有暴食性，会把植物的叶片全部吃光，从而对许多林木造成严重伤害。

为松树注射免疫试剂，预防有“松树癌症”之称的松材线虫病

美国白蛾

·信息卡·　中国的森林病虫害

中国是一个森林病虫害较为严重的国家，全国森林病虫害种类共有 8000 多种，其中经常造成危害的有 200 多种。目前危害较严重的十大病虫害有松毛虫、美国白蛾、杨树蛀干害虫、松材线虫、日本松干蚧、松突园蚧、湿地松粉蚧、大袋蛾、松叶蜂和森林害鼠。

生物入侵细分说

随着全球化进程的不断推进，一些生物被带到新的环境中，就可能成为外来入侵生物，给当地生态系统带来严重的灾害。上述松材线虫、美国白蛾就是生物入侵的典型案例。

生物入侵要经历传播、定居、生长繁衍等阶段。一般来说，入侵性强的物种都具有一些普遍的特征，比如繁殖能力强。植物能产生大量的种子，而动物则产卵量大或产仔量大，这样一来便提高了其后代存活的概率，也提高了其传播的概率。

在这里，我们还需要介绍一个关键概念——“时滞”，指入侵性外来生物在新的环境里初步定居到种群快速增长和迅速扩大“占领地盘”之间的时间延迟期（潜伏期）。也就是说，在入侵者生物到达一个新地方的最初的时间里，它们并不是很快就会大量繁殖、急于拓展领地，而是在一定时期内看似无害地逐渐扩散。例如 19 世纪，巴西胡椒刚被引入美国佛罗里达州时并不为人所知，直到 20 世纪 60 年代早期，它们种群密度极高，占据了 280000 英亩（约合 1133 平方千米）的土地，已没有“对手”能够和它竞争。

生物入侵已经成为严重的生态问题，不仅对生物多样性有较大影响，还给农林生产带来了巨大的经济损失，甚至威胁到人类的健康。中国生态环境部发布的数据显示，目前中国境内已经发现 660 多种外来入侵物种。

原产于南美洲的紫茎泽兰，被称为入侵植物中的“头号杀手”，也常被称为“破坏草”。目前已广泛入侵中国西南各地，所到之处、林木受害、庄稼减产，枯竭地力、寸草不生，每年给中国造成近百亿元的经济损失。

看似人畜无害的紫茎泽兰

物种灭绝在加速

物种灭绝，一般指的是一个物种在地球上不可再生性的消失或遭受破坏。虽然是非常沉重的话题，但绝大多数的物种，最终都会走向灭绝。自地球上生命诞生以来，共经历了五次大规模的物种灭绝，99% 以上曾经存在的物种已经消失，这五次大灭绝分别发生在奥陶纪末期、泥盆纪末期、二叠纪末期、三叠纪末期和白垩纪末期。灭绝事件离人们如此遥远，以至于我们只能从地层当中发现一些蛛丝马迹。其中二叠纪末期的全球生物大灭绝事件最为惨烈，导致 90% 的海洋物种和 70% 的无脊椎动物消失。

据科学数据判断，我们可能正在进入新一轮的地球大灭绝时代，即所谓的“第六次物种大灭绝”。在过去数百年里已经灭绝的物种中，大型兽类和鸟类首当其冲，已经确认灭绝的种类超过 100 种，其中就包括人们耳熟能详的渡渡鸟、冰岛大海雀、北美旅鸽、南非斑驴、澳洲袋狼、直隶猕猴、高鼻羚羊、台湾云豹、中国犀牛和南极狼等物种。

在中国发布的《中国生物多样性红色名录——高等植物卷》和《中国生物多样性红色名录——脊椎动物卷》中，中国 34450 种高等植物中已有 27 种灭绝，10 种野外灭绝，15 种区域灭绝；4357 种脊椎动物中，已有 4 种灭绝，3 种野外灭绝，10 种区域灭绝。除了已经灭绝的物种外，中国还有许多生存状况受到严重威胁的濒危物种，它们岌岌可危，离灭绝也仅有一步之遥。如在高等植物中，已有 583 种极危，1294 种濒危，1887 种易危，受威胁物种共计 3764 种；在 9302 种大型真菌中，已有 9 种极危，25 种濒危，62 种易危，受威胁物种共计 97 种。

消失的犀牛

第六章 多方努力把林护

如何保护好中国森林，实现人与自然和谐发展？这不仅需要长远的策略，而且应该充分利用好现代化的科技手段，更重要的是需要全国人民的共同参与。

那么，中国是如何保护森林的呢？有哪些政策法规？又有哪些科技手段可以应用于森林保护？有关森林的科学教育又是如何开展的？

第一节 政策法规护森林

当前，森林保护是中国生态文明建设的重要组成部分之一。中国已经从多方面、多部门、多途径将保护森林落到实处。

防火制度不放松

“护林防火，人人有责！”人们必须提高防火意识，确保安全用火，万万不可掉以轻心。在森林防火期内，未经相关单位允许，任何单位和个人不得擅自进入林区内进行各类活动。根据《森林防火条例》等相关法律规定，违反本条例规定，造成森林火灾，构成犯罪的，依法追究刑事责任；尚不构成犯罪的，除依照本条例多项规定追究法律责任外，县级以上地方人民政府林业主管部门可以责令责任人补种树木。

中国正持续完善森林防火预警监测体系建设，以便在森林火灾发生的

森林防火宣传画

初始阶段就予以扑灭。相关专业技术人员还应研究提升灭火技术和能力，借助科技手段灭火，避免在扑救森林火灾时造成人员伤亡。

生态护林大工程

改革开放以来，为保护我国的生态环境，中国规划并实施了一系列林业重大工程，并取得了积极良好的效果：开展大规模植树造林工程，建成了世界上面积最大的人工林——塞罕坝林场；有效施行天然林保护工程，避免了众多天然林的消失；实施退耕还林工程，坚持“封山育林、退耕还林”，使许多地区的森林得以恢复；实施“三北”防护林体系、长江中上游防护林、沿海防护林等建设工程，均取得了重大的生态、社会和经济效益；建设农田防护林体系工程，保护了大量的农田。

未来，中国将牢固树立绿色发展理念，坚持人与自然和谐共生，加大天然林保护修复力度，坚持保护优先、自然恢复为主的方针，加大封山育林育草力度，力争做到全面保护、系统修复、用途管控、责权明确。在人工林建设发展方面，将科学制订林地保护利用规划，按照“宜乔则

塞罕坝林海俯视图

乔、宜灌则灌，乔灌草结合、人工与自然相结合”的原则，切实提高造林化成效。

人人护林需守法

2022年，某位女士在北京市郊区私自采集了国家二级保护植物槭叶铁线莲并在网上进行炫耀，结果被警方刑事拘留。2022年以前，也曾发生过多起网络名人在网上直播采集珍稀植物雪兔子、雪莲等事件，引起公众舆论关注。在2021年新版《国家重点保护野生植物名录》发布后，如雪兔子、雪莲等植物都被列为重点保护野生植物，并且依据《中华人民共和国野生植物保护条例》，私自采集这类植物属违法行为。此外，许多省市还制定了各自的重点保护野生植物名录。

槭叶铁线莲

在野生动物方面，人们的保护意识相对较强。在中国，目前有为保护野生动物而制定的《中华人民共和国野生动物保护法》。在现有法律框架中，即使是“掏鸟窝”“抓鱼虾”等行为，也可能会触犯法律。

除上述介绍的法律法规外，中国林业方面的相关法律法规还有很多，比如《中华人民共和国森林法》《森林采伐更新管理办法》《退耕还林条例》《中华人民共和国自然保护区条例》《森林和野生动物类型自然保护区管理办法》等。

当人们来到林区中，一定要注意自己的行为规范，千万不要触犯相关法律!

就地迁地双体系

就地保护与迁地保护是生物多样性保护的两种主要的方式。

青海省三江源国家公园美景

就地保护是保护生物多样性最有效的措施，包括建立自然保护区、森林公园、生态功能保护区和国际保护地等措施，进而组成遍布全国的保护网络。1956 年建立的广东省鼎湖山国家级自然保护区是中国的第一个自然保护区。如今，中国自然保护区总数已达到 2750 个（474 个为国家级自然保护区），保护面积占中国国土总面积的 15%，形成了种类齐全的保护区体系。此外，中国还有数百个国家森林公园和面积巨大的生态保护区。它们共同有效保护了中国 90% 以上的陆地生态系统类型、65% 的高等植物群落和 85% 的野生动物种群。

为了更好地推进生态文明建设，中国还积极推动国家公园体系建设。国家公园是保护区的一种类型，最早起源于美国，目前世界上许多国家和地区均设有国家公园。但在中国，国家公园最早于 2013 年提出，还属于新事物。目前，中国已正式设立了三江源、大熊猫、东北虎豹、海南热带雨林和武夷山首批 5 个国家公园，在生态保护机制方面取得了新进展。

在动植物的迁地保护方面，中国也采取了多项积极的行动。首先，实施了多项“野生动植物拯救工程”，建立了 250 多处野生动物救护繁育基地和 450 多处野生植物迁地保护基地，使得一批珍稀濒危动植物得到了积极有效的保护。大熊猫、朱鹮、野马、扬子鳄、红豆杉、苏铁等 300 多种珍稀濒危野生动植物种群持续扩大。全国的大熊猫圈养数量高达 290 余只，朱鹮由 1981 年的 7 只繁殖到 1400 多只，扬子鳄由 200 多条繁殖发展到 10000 多条，放归自然的野生濒危动植物高达 11 种。

植物的迁地保护是植物园的重要责任担当。目前，中国各地建设有近 200 个植物园、树木园和药用植物园，保护了来自世界各地的 2.9 万余种植物，成为众多植物的“诺亚方舟”。为了更好地搭建植物迁地保护的“诺亚方舟”，中国启动了国家植物园体系建设，目前正式挂牌成立的有北京市的国家植物园和广州市的华南国家植物园。

广州市华南植物园热带植物区温室航拍

第二节　高新科技兴森林

当今飞速发展、日新月异的现代科学技术，正在不断被用于森林保护的各个方面，从而带来了许多积极的效果。

火灾监测用卫星

利用卫星遥感技术，让现代的森林防火监测有了“千里眼”。通过搭载具有红外遥感技术的在轨卫星，可以识别出地面上的异常热点地区，及时发现火灾发生地点和规模。结合网络信息技术，实现在第一时间将火情信息传达给相关人员，为森林防火提供了巨大的帮助。此外，卫星拍摄的高分辨率遥感影像，也可应用于火场面积和资源损失情况的快速评估。

生态监测“天空地”

近年来生态监测领域提出了“天空地”一体化概念。“天”指利用卫星遥感技术进行宏观全局的监测；“空”指利用无人机遥感技术对重点区域进行中小尺度的监测；“地”是指利用地面监测基站进行监测，同时通过人工辅助补充调查。“天空地”之间的一体化通过云计算（云 + 大数据）技术的运用来实现数据和信息的

垂起固定翼专业测绘无人机

融合。“天空地”一体化生态监测也是未来生态监测的主要发展方向，将广泛运用在森林防火监测、森林植被调查、动植物监测以及病虫害监测等方面。

建设新技术数据

随着云计算、大数据、移动互联网等新一代信息技术的出现，一大批林业方面的信息共享平台和网站已经建立起来，并提供了海量的生物多样性大数据信息。例如，由中国科学院植物研究所牵头，联合院内三园两所等 6 家宏观植物学单位建设的中国科学院植物科学数据中心，就汇聚了来自资源库、监测网络和植物园等 200 多家科研院所和教学单位的宏观植物学数据，形成三大核心数据库“植物物种全息数据库”“植被生态大数据”“迁地保育大数据”（截至 2022 年 12 月），集成植物全时空、多维度的全生命周期数据，构建知识化、网络化的服务能力，打造成具有国际影响力的数据中心。

在人工智能运用方面，植物图像大数据与人工智能算法的结合，催生了多个植物识别软件的开发利用，这些软件已经能够识别中国境内近万种常见植物，为公众认识中国植物提供了极大的便利。利用同样的技术和原理，将来可扩展识别其他的生物类型，如鸟类、兽类、昆虫以及真菌等。

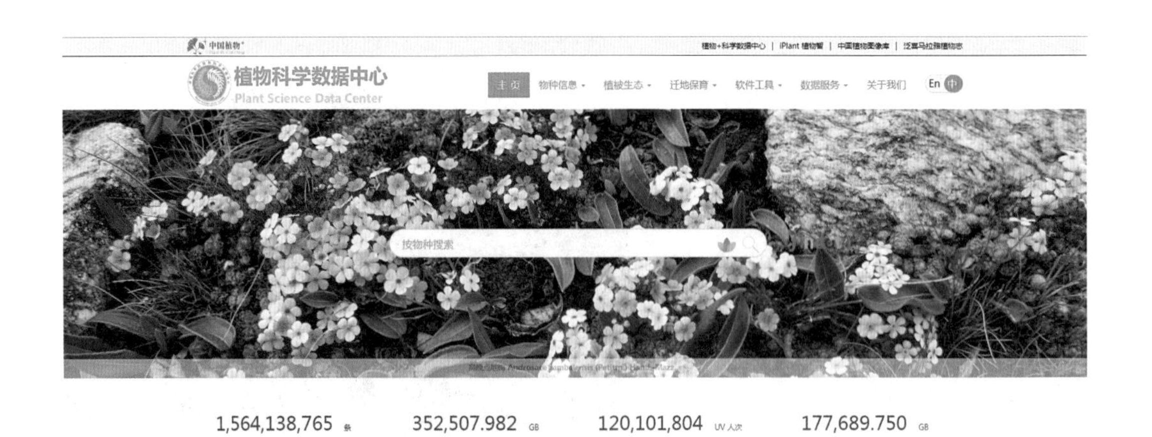

植物科学数据中心网站（首页）

生物防治有学问

《寂静的春天》一书生动描写了因化学杀虫剂和肥料的过度使用而导致的环境污染和生态灾难，一定程度推动了日后现代环保主义的发展。然而，不可否认的一点是，直到今天，仍有大量的传统化学杀虫剂在广泛应用。幸运的是如今有益于环境保护的生物防治技术正在迅速发展，有望逐步替代传统的化学杀虫剂。

生物防治指不使用传统化学杀虫剂，采用对环境和生态无害的方法来控制有害生物的破坏，包括新型生物源杀虫剂、生物信息素或某些生物种类以及物理方法，例如，“以虫治虫”“以菌治虫”“以菌治病”和“生物治草”等。当前，最常见的生物防治案例是利用柞蚕蛹释放周氏啮小蜂以防治美国白蛾。此外，一些地区也常采取物理方法来防治病虫害，比如用带有黏液的黄板来黏虫，但大量悬挂这种黄板会严重影响森林的景观效果。

用带有黏液的黄板来黏虫

利用柞蚕蛹释放周氏啮小蜂以防治美国白蛾

第三节　科学教育懂森林

森林的保护既需要专业人员的技术，也离不开广大公众的参与。无论是专业人员还是公众，想要切实发挥自己对森林的保护作用，均离不开森林知识的学习、保护意识的提高以及专业技能的训练。

科学传播新手段

如今，新媒体已经成为科学传播的重要途径。据相关数据显示，仅2020年中国就新建2732个科普网站、3282个科普类微博和8632个科普类微信公众号。林业科普在新媒体语境中同样有着更加丰富的传播手段。中国林学会在林业科学传播公众服务平台推出森林科普知识类、林业科普创作类等多类型微信公众号，国家林草局在其官方微博推出“小林科普时间”话题、上线《你好，中国野生动物》系列科普短视频。各林业科普基地相继借助微信、微博、哔哩哔哩、抖音等新媒体渠道广泛开展科普宣传，为公众参与到林业科普中提供了平台。

新媒体传播

在互联网的全媒体平台，还涌现出一批优质的个人科普账号，如“树木学课代表”账号，专攻林学方向，博主为森林培养学博士，其视频累计点赞量已达数十万；“树木树人植物科普教室”账号，创办人为北京林业大学的张志翔老师，他是从事40多年森林植物教学和研究的教授，走遍了中国的大江南北，看到过不同类型的森林、湿地、草地、沙漠、戈壁，形形色色的植物，拍摄了无数珍贵的照片和短视频，他将这些内容通过新媒体平台展现给人们，具有很强的教育、科普意义。

人员培训增技能

森林的保护离不开专业技能的培训。随着国家对森林保护的重视，许多单位、研究机构和专业团体纷纷开办了各种类型和不同形式的森林保护专业技能培训班。

中国植物园联盟植物分类与鉴定培训班共举办了 7 届，共有来自 30 个省级行政区累计 177 家单位的 300 多名学员参加培训。此外，中国野生植物保护协会也组织开展了 3 期野生植物保护技能会员培训班，来自全国各地的数百名林业基层人员参与了培训。中国林科院承办国家林草科技大讲堂直播培训活动。全国林草大学生科创成果联展系列活动启动，科技人员向广大公众积极传播绿色科技理念，普及林草科技知识。

桂建芳院士自然科普工作室

此外，许多地方机构也举办了多种多样的培训活动，例如湖南省林业部门举办了林业标准化暨知识产权保护培训班，四川省洪雅市举办了绿色营地科普解说员培训班等。

随着科普工作的逐步落实，相信未来涉及森林科普、科技类培训会越来越多，受益人群会越来越广泛。

自然教育多途径

中国丰富的森林有着无尽的奥秘和各种各样神奇的生灵，相信很多小朋友都对此充满了好奇、向往和探索之心。如何才能深入地了解森林呢？

目前，中国各地有不同形式的自然教育机构，提供了多种多样的课程活动，以满足不同人群的需求。

森林幼儿园可以满足幼儿园小朋友对自然界的好奇心；自然学校可以探索人与自然相互之间的关系，培养青少年对自然负责任的行为；植物园或动物园里展示各种珍稀动植物，还可以体验自然科学课程，学习自然知识；观鸟协会、植物观察协会等可以满足有专门爱好的人的需求；户外活动或旅行机构可以提供自然体验的机会；农场和牧场可以让人们亲身体会生活在大自然中最纯粹的野趣；国家公园、自然保护区也是深入体验了解森林的绝佳场所。

相信大家只要愿意迈出探索的步伐，必然能够找到自己中意的那一片森林！

上海市黄浦区瑞金南路沿街植入自然科普艺术装置